ひとりで探せる
川原や海辺の
きれいな
石の図鑑3

海辺篇

Handbook of
Beautiful Stones
on Riversides and Seashores
to find by yourself
Part 3 Seaside Edition

柴山元彦 著
Motohiko Shibayama

創元社

はじめに

　日本は海に囲まれた島国です。そのため長い海岸線があり、その総延長は約3万4,000kmにも及びます。そして海岸には景観の美しい岩場や浜辺があり、わたしたちを楽しませてくれます。海岸に立ち、はるかな水平線を望み、広々とした海原を眺めると、心が和むような気がします。さらに足元を見ると、砂浜にきれいな小石が見つかることがあり、それにも心惹かれます。

　海岸は砂浜、砂利浜や岩場などに分かれますが、おそらく皆さんがよく行くのは砂浜でしょう。砂浜によって細かい砂、粗い砂、その両方が見られ、また色も白色から灰色、黒色までいろいろあり、砂浜は砂の観察をするにも魅力的な場所です。

　きれいな小石を探すには砂利浜が適しています。砂利浜とは、砂とそれよりも粒の大きな石が転がっているような浜辺で、砂浜や岩場に比べて数は多くありませんが、そのような場所を探して出かけてみると、いい石に出会えることもあります。

　本シリーズはこれまで、海辺や川原で見つかる石を紹介してきましたが、本書では特に海辺で見られるきれいな石を中心にまとめています。石、つまり岩石は基本的に、鉱物が集まってできています。本書で紹介するのは、きれいな色や模様のある岩石ももちろんですが、多くはその岩石の中に入っているか、くずれて岩石からはずれた鉱物です。実際、海辺では鉱物と石の区別をすることなく探すことになるでしょう。

　また、ビーチコーミングといって、海辺で見つかるきれいなガラス（シーグラス）や木片、貝殻などの漂着物を集めて楽しむ活動があります。ビーチコーミングで小石や鉱物を見つけたときに、それが何という石なのかを調べるのにも、本書が参考になればと思っています。

Ⅰ章では海辺で見つかるきれいな石として、鉱物を20種類、有機質の石を2種類、岩石を8種類、合計30種類を紹介しています。

続くⅡ章では、これらの鉱物や岩石がどのようにして海岸に見られるようになったか、地質学的なしくみを説明します。

Ⅲ章では、海辺のなかでもかなり多くを占める砂浜の砂の観察方法を載せました。身近な道具でプレパラートを作り、できるだけ簡単に砂のミニ標本を作る方法を紹介しています。標本を使って見比べてみると、砂も浜によってずいぶん違いがあることに気づきます。

Ⅳ章では、見つけた石や砂を写真に残すための撮影方法にふれています。本書では見つけた石を持ち帰らずに、写真記録にとどめることを勧めています。なぜなら、場所によっては海辺の石・砂を持ち出すことを規制しているところもあるからです。幸い、最近のスマートフォンやデジタルカメラの性能はかなり良くなっていて、誰でもきれいな写真が写せるようになりました。

そしてⅤ章では、実際に出かけていくとⅠ章で紹介するようなきれいな石が見つかる海岸を全国27か所掲載しています。もちろん、ここで紹介する以外にも、いい海岸はたくさんあると思います。ぜひいろいろな場所を探してみてください。

本書に掲載したほとんどの写真は、既刊の『ひとりで探せる川原や海辺のきれいな石の図鑑』1・2の刊行以降に出かけて撮影したものです。前2作と合わせて読んでいただければ、さらに石の世界が広がることと思います。水辺のきれいな石を通して、その土地の成り立ちや地球のしくみにまで、皆さんの想像が広がっていくことを願っています。

柴山元彦

目次

Contents

観察時の注意

一、石探しに夢中になると、周りが見えにくくなりがちです。
　気がつくと周囲に潮が満ちていたり、ふだんは波が穏や
　かな海岸でも突然大波がやってきたりする可能性もありま
　すので、安全には十分に注意しましょう。

一、場所によっては、川や海での石・砂の採集が規制されて
　いるところがあります。事前に調べておきましょう。また、
　規制のない場所でも採集は必要最小限にとどめ、観察・
　記録撮影の際にも、みだりに海岸の状態を改変しないよ
　う、環境保全を心がけましょう。

〈凡例〉

一、　掲載した写真の多くは、著者が開催した鉱物探しイベント、あるいは個人
　　的な鉱物探し旅行の際に現地等で撮影したものである。写真の石・鉱物は、
　　原則として海辺で観察したものであるが、鉱物本来の性質を説明するため
　　の参考として、上記以外で入手した標本も一部含まれている。

一、　鉱物・石の大きさおよび観察地は、写真のキャプションに示した。なお、石・
　　鉱物の大きさは、特に記載がない限り、最大径の長さである。集合写真や
　　拡大写真については、写真の写っている範囲の左右の長さを示した。

一、　Ⅴ章における各観察地を示す地図は、「地理院地図」（国土地理院：
　　http://maps.gsi.go.jp/）をもとに著者が作成した。

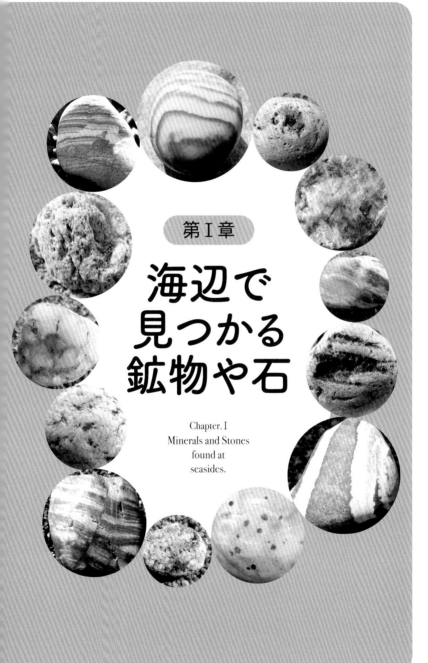

第Ⅰ章

海辺で
見つかる
鉱物や石

Chapter. I
Minerals and Stones
found at
seasides.

大浜（静岡県）で拾い集めた玉髄（大きいもので3cm）

玉髄
ぎょくずい

chalcedony

ケイ酸塩鉱物
硬度：7
比重：2.6
色：透明、白色、褐色、黒色など

　玉髄は石英（20ページ参照）の仲間で、いずれも二酸化ケイ素でできており、硬さもほぼ同じ、半透明から白色の見た目も石英とよく似ている。ただ質感は異なり、玉髄はわらび餅のような半透明の風合いを持つ。

　色は白色以外に褐色、黒色、赤みを帯びたもの（紅玉髄、16ページ参照）などがある。また、仏頭石といって、自然な状態の玉髄の表面に、仏像の螺髪のような凹凸が現れているものがある。この凹凸は仏頭状構造と呼ばれ、玉髄をほかの石と見分ける際の決め手の一つである。

　玉髄は火山岩の中によく見られるが、周りの岩石よりも玉髄のほうが固いため、風化の際に取り残されて海辺の砂利の中に残る。

●白色や半透明のもの

特徴的な半透明の玉髄（左：3cm、右：2cm、静岡県・大浜）

母岩に着いたままのもの
（左右5cm、静岡県・土肥海岸）

海辺でよく円磨され丸みを帯びている
（8cm、北海道・興部海岸）

砂利の中から集めた玉髄
（大きいもので2cm、青森県・木明海岸）

表面が風化して白色になるものがよくある
（2cm、福井県・浜地海岸）

一部透明に近い部分がある
（2cm、福井県・浜地海岸）

光がよく抜けている
（4cm、北海道・厚田海岸）

いずれも、表面が白く風化した玉髄
（大きいもので4cm、青森県・青岩海岸）

やや濁った半透明の玉髄
（3cm、茨城県・平磯海岸）

美しい白色のもの
（いずれも2cm、島根県・越目浜）

●黒色のもの

全体に黒い玉髄
（左右5cm、茨城県・磯崎海岸）

脈状に現れたもの
（左右6cm、茨城県・磯崎海岸）

表面が風化した玉髄
（左右5cm、茨城県・磯崎海岸）

左上の写真の石の断面。玉髄が黒いガラスのように見える（左右5cm、茨城県・磯崎海岸）

表面が白っぽく風化している玉髄
（3〜5cm、茨城県・磯崎海岸）

左写真の石を割ると淡い黒色が見られる
（左右4cm、茨城県・磯崎海岸）

●褐色のもの

表面が褐色で中が黒色の玉髄
（3〜5cm、茨城県・磯崎海岸）

淡い褐色のもの
（3cm、茨城県・大洗海岸）

淡い橙色をしたもの
（2cm、福井県・浜地海岸）

透明感のある褐色のもの
（2cm、福井県・大丹生海岸）

淡い褐色のもの
（4cm、北海道・興部川河口）

部分的に淡い褐色のもの
（3cm、北海道・常呂常南海岸）

●仏頭状構造が見られるもの

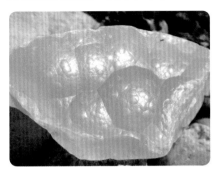

典型的な仏頭状構造が見られる
（左右10cm、北海道・厚田海岸）

穴の中に仏頭状構造が見られる
（左右3cm、青森県・赤根沢海岸）

内側に半球形の凹凸がある
（左右25cm、茨城県・鮎川河口）

不規則な凹凸が見られる
（左右4cm、静岡県・大浜）

黒色の凹凸が表面に見られる
（左右5cm、茨城県・磯崎海岸）

一部風化して白くなった黒色の玉髄
（左右6cm、茨城県・磯崎海岸）

●母岩に入っている様子

母岩の玄武岩に流れ模様のように入った玉髄
（左右30cm、青森県・赤根沢海岸）

珪質な母岩に脈状に見られる玉髄
（灰色、8cm、島根県・小田海岸）

安山岩の気泡でできた穴の中に見られる玉髄
（左右20cm、千葉県・長崎海岸）

母岩の流紋岩に脈状に入っている玉髄
（左右15cm、福井県・大丹生海岸）

安山岩に曲がりくねった脈状に入っている玉髄
（左右15cm、北海道・厚田海岸）

流紋岩の隙間を埋める玉髄
（左右20cm、島根県・越目浜）

もっともポピュラーな石、玉髄

　海辺で見つかる天然石のうち、もっともよく探されている石が玉髄である。玉髄はたいてい火山岩（噴出したマグマが急速に冷え固まってできた岩石）に含まれているため、玉髄を探すなら火山岩の分布地域の海岸を選ぶことになる。よく見つかるのは日本海側、山陰や近畿北部、北陸や東北地方、北海道の海岸であるが、火山岩の分布する場所ならそれ以外の場所でも見つかるだろう。

　川原でも玉髄は見つかるが、川原と海辺では玉髄の外形が異なる。川原の玉髄は角ばっているが、海辺では波打ち際での円磨作用が大きいために丸くなるのである。

　海辺で見つかる玉髄のなかには、ほとんど楕円体になっているものもあり、そうしたきれいな球体や楕円体になったものは釈迦の骨（仏舎利）の代わりに五重塔などに収められることがある。

　このように、玉髄が歴史的によく探されるのは見た目の美しさだけではなく、さまざまな用途で利用されてきたからでもある。たとえば、割れ口が鋭利なため、石器時代には矢じりなどの刃物として使われた。江戸時代には火打石として利用されたり、数珠や帯留めなどの装飾品にも加工されてきた。現在でも、自分で見つけた玉髄を磨いて装飾品を作っている人もいる。

木津川（京都府）の川原で見つけた玉髄。角が残っている

大浜（静岡県）の玉髄。角が取れ丸みを帯びている

内部が紅色で周辺に向かって橙色に変化している（2cm、福井県・浜地海岸）

<ruby>紅玉髄<rt>べにぎょくずい</rt></ruby>

Carnelian

ケイ酸塩鉱物
硬度：6
比重：2.6
色：褐色、橙色、赤色

　玉髄は白色や半透明のものがほとんどだが、なかには橙色から赤い色をしたものがあり、紅玉髄（カーネリアン）と呼ばれる。赤く見える原因は酸化鉄によるものと考えられている。

　海辺で白色系の玉髄が見つかれば紅玉髄が、紅玉髄が見つかれば白色系の玉髄も存在する可能性があるので、さまざまな色のものを探してみよう。

　玉髄と同様に微細な繊維状の石英の複雑な集合体で、微小な穴もあるため、硬度は石英よりやや軟らかい6程度である。

薄く縞模様も見られる
（3cm、福井県・浜地海岸）

淡い褐色で半透明な部分がある
（2cm、福井県・大丹生海岸）

磨耗後も、玉髄の特徴である仏頭状構造の跡が残っている
（2cm、福井県・浜地海岸）

光が抜けると淡い橙色になる
（左右3cm、兵庫県・八木海岸）

半透明で淡い褐色をしている
（2cm、茨城県・磯崎海岸）

紅玉髄

17

平磯海岸〜磯崎海岸にかけての海岸（茨城県）の砂利の中から見つかったメノウ（5cm）

メノウ

Agate

ケイ酸塩鉱物
硬度：7
比重：2.6
色：白色、灰色、赤色など

　石英の細かな結晶でできている玉髄のうち、上の写真のような縞模様が見られるものは、特にメノウ（瑪瑙）と呼ばれる。縞模様の形は同心円状であったり平行模様であったりいろいろだが、結晶は母岩の周辺から中心に向かって進むようで、同心円の中心まで詰まっているものもあれば、中心部分が空洞であったり水晶で満たされていたりする。

　縞の色も石によってさまざまだが、黒色系統と白色系統が一般的である。ただし、市販されている色鮮やかなメノウは、ほとんどが人工的に着色されたものである。

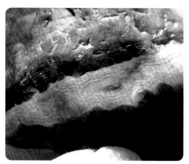

細長い同心円状の縞模様の見られるメノウ
（左右5cm、茨城県・平磯海岸）

薄く割ると光が抜ける
（3cm、茨城県・磯崎海岸）

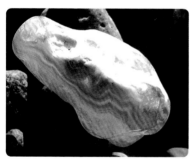

橙と白の縞模様が美しい
（4cm、福井県・浜地海岸）

白と灰色の縞模様
（左右4cm、島根県・桂島海岸）

茶色、灰色、白色の縞模様
（3cm、福井県・浜地海岸）

茶色と白の縞模様が平行に中心へ向かっている
（4cm、新潟県・須沢海岸）

19

典型的な白色の石英（ミルキークォーツ、10cm、茨城県・初崎海岸）

石英
<ruby>石英<rt>せきえい</rt></ruby>

Quartz

> **ケイ酸塩鉱物**
> 硬度：7
> 比重：2.7
> 色：透明、白色、ピンク色、紫色など

　海辺で小石が集まっているところに目を向けると、白い石が目につく。これらの白い石はほとんどの場合、石英である。硬度が7もあり硬いため、波にもまれても砕かれることなく残っていく。

　色は白色のものが多いが、半透明のものや、微量成分が混じることで淡い褐色やピンク色、さらには紫色などを呈するものもある。また、周囲の鉱物からの放射線の影響で、色がしだいに黒ずむこともある。

　石英は水晶（26ページ参照）と同じ二酸化ケイ素でできているため、石英の表面のくぼみの中に水晶が見られることがある。石英の仲間にはほかにも玉髄、メノウやオパールなどがある。

●きれいに円磨されている白色の石英

表面に細かい輝きがある
（4cm、兵庫県・望海浜）

きれいな楕円体に磨かれている
（5cm、高知県・長浜）

わずかに線状のくぼみがある
（3cm、青森県・立石子の海岸）

半透明のなめらかな表面
（3cm、茨城県・大洗海岸）

●形が不定形な石英

円磨が進んでいないため角が残り、さまざまな形をしている（山口県・本山岬の海岸）

中心付近に半透明の層が見られる
（3cm、静岡県・大浜）

ペグマタイトの海食崖からはずれた欠片。角が残っ
ている（3cm、広島県・江田島の海岸）

●平行な脈状に見られる場合（白色の部分）

上下2層の石英脈が平行に見られる
（10cm、新潟県・佐渡島の海岸）

一部が玉髄化している石英脈
（左右12cm、千葉県・八岡海岸）

はっきりした直線状の石英脈
（5cm、高知県・長浜）

薄い層状に広がる石英脈が鉢巻のように見える
（左右10cm、兵庫県・八木海岸）

●網目のような石英脈が見られる場合

いろいろな方向に石英脈が伸びている
（30cm、千葉県・長崎海岸）

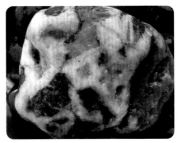

石英脈の中にくぼみがある。この中に細かい水晶が見られる（8cm、茨城県・大洗海岸）

●くぼみが見られる石英

金を産出した石英脈からの石英。大小多数のくぼみが見られる（5cm、静岡県・菖蒲沢の北海岸）

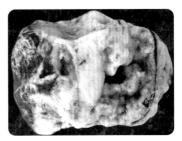

金を産出した石英脈からの石英。くぼみの中に細かな水晶が見られる
（6cm、鹿児島県・坊岬海岸）

●縞模様のある石英

灰色と白色の縞模様ができている
（左右5cm、静岡県・菖蒲沢の北海岸）

白色、褐色と黒色の縞模様。黒の部分はいわゆる「銀黒」（5cm、新潟県・佐渡島の海岸）

◉いろいろな色の石英

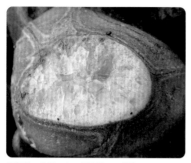

団塊状の母岩の中に半透明の石英塊
（石英の部分10cm、千葉県・八岡海岸）

淡い褐色をした石英
（3cm、山口県・綾羅木海岸）

褐色をした石英
（3cm、静岡県・爪木崎海岸）

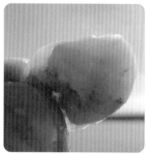

淡い紫色をした石英
（2cm、兵庫県・八木海岸）

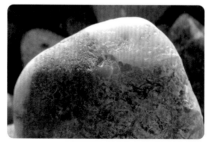

部分的に緑色をした石英
（左右3cm、富山県・宮崎海岸）

白地に褐色の網目模様
（3cm、茨城県・大洗海岸）

石英の粒でできた海岸

　石英や磁鉄鉱はほかの鉱物に比べて硬いため、波などで円磨が
よく進んでいる砂浜では、砂のほとんどを石英が占めている場合
がある。また磁鉄鉱も海岸の砂にはよく見られる（50ページ参照）。

　石英の割合が高い砂浜では、その上を歩くと石英粒がこすれあ
ってキュッキュッと音がする。そのため、しばしば「鳴き砂の浜」、
「琴ヶ浜」や「琴引浜」などの名前がつけられている。

ほとんどが石英の粒でできた砂浜
（大きい粒で2〜3mm、福井県・水晶浜）

透明な石英が多い砂浜
（1〜2mm、京都府・琴引浜／撮影：白石由里）

石英脈の中央付近にできた水晶群（左右10cm、静岡県・大浜）

水晶
<ruby>水晶<rt>すいしょう</rt></ruby>

Rock Crystal

ケイ酸塩鉱物
硬度：7
比重：2.7
色：透明、白色

　水晶は石英と同じ化学成分でできている。石英のうち、六角柱の外形を持ったものが水晶と呼ばれる。白色か透明なものがほとんどだが、紫色、緑色、褐色、灰色、黒色を呈することがある。

　石英の表面にくぼみがあると、その空洞内によく水晶が見られる。このようなくぼみは、石英が結晶するとき中に丸い空洞ができるか、岩の割れ目などに石英成分が入り込み脈状に冷え固まったときに中央付近に空間ができたものだが、いずれのくぼみにも水晶が成長することが多い。

　水晶には紫水晶や黒水晶などいろいろな色のバリエーションがあるが、海辺で見つかるものはほとんどが透明か白色のものである。

●石英の表面にある丸いくぼみに見られる場合

くぼみの中に透明な水晶が見られる
（左右5cm、新潟県・佐渡島の海岸）

穴の中に白い水晶群が見られる
（左右8cm、静岡県・土肥海岸）

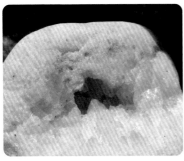

くぼみの奥にもたくさんの水晶が見られる
（左右5cm、静岡県・大浜）

穴の奥に細かな水晶が密集している
（左右8cm、茨城県・磯崎海岸）

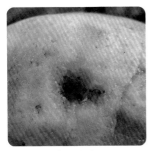

透明な細かい水晶群が見られる
（左右5cm、青森県・藩境塚前の海岸）

くぼみの周囲から中まで水晶群が広がっている
（左右3cm、山口県・平松海岸）

27

●直線状の石英脈に見られる場合

石英脈に水晶が見られる
（左右10cm、兵庫県・八木海岸）

透明な水晶群の先端が摩耗して白くなっている
（左右5cm、鹿児島県・坊岬海岸）

くぼみの中の透明な水晶群
（左右7cm、福井県・大丹生海岸）

細長いくぼみに透明な水晶群が見られる
（左右10cm、静岡県・菖蒲沢の北海岸）

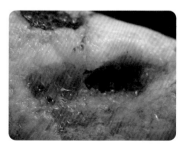

横長のくぼみに透明な水晶群が見られる
（左右5cm、茨城県・大洗海岸）

白い水晶群が脈の中央に見られる
（左右8cm、新潟県・佐渡島の海岸）

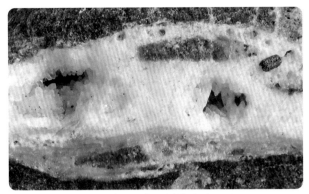

石英脈のできたいくつかのくぼみのいずれにも水晶ができている
（左右10cm、静岡県・土肥海岸）

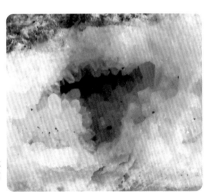

上の写真の左のくぼみを拡大
したもの。奥まで水晶群が広
がっているのがわかる

●密集する水晶群

網の目のように広がる水晶群
（20cm、兵庫県・八木海岸）

球状の石英塊の空洞に細かい水晶が密集してい
る（20cm、島根県・隠岐島の海岸）

海岸で集めた赤い碧玉（大きいもので5cm、静岡県・土肥海岸）

碧玉
へきぎょく

Jasper

> **ケイ酸塩鉱物**
> 硬度：7
> 比重：2.6〜2.9
> 色：赤色、緑色、黄褐色など

　碧玉（ジャスパー）は白い石英（20ページ参照）と同じ化学組成だが、さまざまな色を呈し不透明になるのは不純物を多く含むためである。たとえば赤鉄鉱を多く含むと赤色、褐鉄鉱を含むと黄色、緑泥石を含むと緑色になるなど、どのような不純物が含まれるかによって色が異なる。

　赤い碧玉は「赤玉石」と呼ばれ、名石として加工され市販されてきた。新潟県・佐渡島産のものが有名である。また島根県・玉造で産する緑の碧玉は「メノウ」といい、古代の遺跡から勾玉や管玉などに加工された形で出土する。現在でも装飾品として市販されている。

　また、赤色チャートの中には変質して碧玉になっている部分があり、チャート（66ページ参照）との区別がつきにくい場合がある。

●赤い碧玉

表面がよく円磨されている碧玉
（2cm、青森県・七里長浜）

朱色と褐色の碧玉
（いずれも3cm、静岡県・大浜）

一部に玉髄（白い部分）が混じる碧玉
（左右7cm、青森県・赤根沢海岸）

白い玉髄を含む赤い碧玉
（大きいもので3cm、青森県・青岩海岸）

きれいに波で磨かれ、つやのある碧玉
（5cm、島根県・越目浜）

霜降りのように白い石英の筋を含む
（6cm、島根県・隠岐島の海岸）

赤色と暗赤色がまだら模様に入る
（5cm、富山県・宮崎海岸）

海水で濡れてきれいに光っている
（4cm、茨城県・大洗海岸）

赤色が鮮やかな碧玉
（4cm、福井県・浜地海岸）

赤色から褐色に近い色をしている
（3cm、千葉県・八岡海岸）

●赤色以外の碧玉

褐色の碧玉、白い部分は石英
（5cm、茨城県・大洗海岸）

茶色い碧玉、灰色部分は玉髄
（8cm、青森県・赤根沢海岸）

緑色の碧玉、灰色の部分
は玉髄
（2cm、福井県・浜地海岸）

●母岩に入っている様子

赤い碧玉が火山岩の中に脈として見られる（石の大きさ10cm、静岡県・大浜）

褐色の碧玉が石英（下部）と層をなしている（8cm、静岡県・菖蒲沢の北海岸）

緑泥石片岩。暗い緑色の部分が緑泥石（左右5cm、和歌山県・戸坂の海岸）

緑泥石

りょくでいせき

Chlorite

ケイ酸塩鉱物
硬度：2-3
比重：2.6-3.3
色：暗緑色、くすんだ緑色

　結晶片岩である緑色片岩の緑色は、緑泥石や緑簾石（36ページ参照）を含むことによる。暗い緑色が緑泥石、明るい黄緑色が緑簾石で、いずれも粉状や細かな粒状、片状で岩石の中に含まれていることが多い。ただし硬度は緑泥石が2程度、緑簾石が6程度と大きく異なる。

　緑泥石の名称は、この鉱物の色と、粒子の細かい泥状で見られる場合が多いことからつけられている。石碑や庭石によく使われる扁平な緑色の石は、ほとんどの場合、緑泥石を多く含んだ緑泥石片岩である。

　約1500万年前に起きた大規模な火山活動で噴出した火山灰が堆積し、その中の有色鉱物が熱水などの影響で変質して緑泥石に変わったものは、緑色凝灰岩（72ページ参照）という。

緑泥石片岩で占められてい
る海岸（大きいもので20cm、
和歌山県・戸坂の海岸）

緑泥石片岩に見られる
緑泥石（左右30cm、兵
庫県・沼島南部の海岸）

凝灰質の角礫岩の中に含まれる
緑泥石（緑色の部分、左右15cm、
福井県・大丹生海岸）

35

黄緑色の部分が緑簾石（左右5cm、静岡県・大浜）

緑簾石
りょくれんせき

Epidote

ケイ酸塩鉱物
硬度：6.5
比重：3.4
色：黄緑色、暗緑色

　緑簾石は特徴的な黄緑色〜濃緑色をした鉱物である。いろいろな岩石の中に見られるが、もっともポピュラーなのは緑色片岩である。

　緑簾石は種類が豊富で、20種以上もある。名前に「簾」という字が入っているように、緑簾石の結晶は細い長柱状である。しかし実際には粒状や、微細な粉状で石の中に含まれていることがほとんどである。

　このような細かな結晶が集まったものとして「やきもち石」が有名である。これは緑簾石を焼餅のうぐいすあんにたとえた愛称である。

焼いた餅の中からうぐいすあんが飛び出しているような外観のやきもち石（緑色の部分が緑簾石、長野県武石村産）

粒状の緑簾石の結晶が集まっている
（左右5cm、鳥取県・羽尾の海岸）

線状の割れ目に見られる緑簾石
（左右10cm、島根県・隠岐島の海岸）

火山岩の空洞に見られる緑簾石
（左右10cm、山口県・平松海岸）

緑色の結晶片岩に見られる緑簾石
（左右8cm、兵庫県・沼島南部の海岸）

珪質の岩石に見られる緑簾石
（左右5cm、兵庫県・八木海岸）

ヒスイ輝石岩。白い部分はヒスイ輝石、緑の部分はオンファンス輝石でできている
（3cm、富山県・宮崎海岸）

ヒスイ

Jadeite

ケイ酸塩鉱物
硬度：6.5-7
比重：3.3
色：白色、淡緑色、淡青色、淡紫色など

　世界各国で「国の石」が定められているが、日本の「国の石」はヒスイである。また新潟県の「県の石」でもある。

　ヒスイはヒスイ輝石という白色の鉱物が集まった岩石で、光を少し透過する。緑色がかった部分は鉄分が多いオンファンス輝石という鉱物である。

　大変硬く、ハンマーでたたいてもなかなか割れないため「硬玉」とも呼ばれる。ダイヤモンドより強靭なのは、ヒスイ輝石が複雑に絡み合ってできているためである。

　それほど硬いにもかかわらず、日本では縄文時代からすでに加工されてきた。日本で産する場所は10か所ほどで、そのほとんどが白色のヒスイである。色のついたヒスイを産出するところは新潟県・糸魚川周辺に限られている。

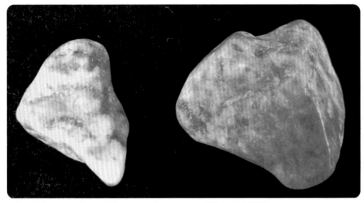

灰色の部分が混じったヒスイ（左：1cm、右：1.5cm、新潟県・青海海岸）

淡い緑がかったヒスイ
（3cm、新潟県・青海海岸）

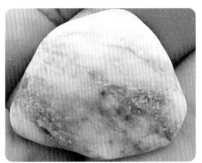

白い部分がヒスイ
（2cm、新潟県・親不知海岸／写真：藤原真里）

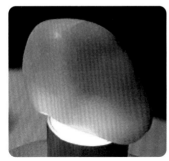

光の透過がよくわかる
（2cm、富山県・宮崎海岸／写真：藤原真理）

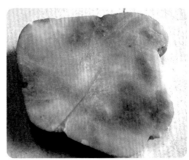

淡い紫色のヒスイ
（2cm、新潟県・青海海岸）

ヒスイと間違えられやすい石

　ネフライトやキツネ石、ロディン岩はヒスイに見た目がよく似ており、ヒスイ探しのときによく間違えられる。まれにチャートにもヒスイによく似たものがある。

ネフライトは緑閃石（42ページ参照）の細かい結晶が集まったもので、ヒスイ輝石よりも軟らかく加工しやすいため、硬玉に対して「軟玉」と呼ばれる。

　キツネ石は正式名ではなくヒスイによく似た別の石の通称で、石英質の石に緑色が混じった含ニッケル珪質の変成岩を指すことが多いようである。

　ロディン岩はぶどう石、透輝石や斜灰簾石などが集まった石である。

ネフライト（軟玉、6cm）

キツネ石（4cm）

いずれもロディン岩（大きいもので3.5cm）

宮崎海岸（富山県）で見つかったコランダム（4cm）

コランダム

Corundum

> ケイ酸塩鉱物
> 硬度：9
> 比重：4
> 色：淡赤色など

　コランダムはダイヤモンドに次いで硬い鉱物で、透明感がありきれいな色のものは、宝石として「ルビー」や「サファイア」と呼ばれる。

　日本では宝石になるような品質のものは見つかっていないが、コランダム自体は数か所の山地で見つかっている。海岸ではヒスイで有名な富山県・宮崎海岸や、新潟県・糸魚川周辺の海岸で見つかっているようである。

不透明な淡赤色のコランダム。細長いビア樽状の結晶形をしている（インド産）

緑色の柱状結晶がよくわかる（15cm、長崎県・三重海岸）

緑閃石
りょくせんせき

Actinolite

> ケイ酸塩鉱物
> 硬度：5-6
> 比重：3.12
> 色：緑色

　緑閃石は本来きれいな緑色をした柱状の結晶をしているが、細かい繊維状になって結晶が肉眼では見えないものもある。ヒスイの「硬玉」に対して「軟玉」と呼ばれるネフライトは、緑閃石の細かい結晶が複雑に集まったものである。

　緑閃石は角閃石のグループに属する鉱物で、透緑閃石、アクチノ閃石や陽起石ともいわれる。緑色の原因は鉄が含まれることによるとされており、その量が多いほど緑が濃くなる。

緑閃石の細かい結晶が絡み合ってできたネフライト
（軟玉。6cm、新潟県・親不知海岸）

岩場に見られる緑閃石
（左右20mm、長崎県・
三重海岸）

緑閃石の柱状結晶がよくわかる（25cm、兵庫県・沼島南部の海岸）

緑
閃
石

緑色の部分がアンチゴライト。蛇紋石特有の色と質感が見られる（5cm、山口県・本山岬の海岸）

蛇紋石

Serpentine

ケイ酸塩鉱物
硬度：2.2-3.5
比重：2.5
色：暗緑色、黄緑色

　蛇紋石はアンチゴライト、クリソタイル（石綿）、リザーダイトという3種の鉱物が属するグループ名である。独特の脂肪光沢と蛇のような色模様、ツルっとした手触りからこの名前がつけられている。

　蛇紋石が集まった蛇紋岩は、地球内部のマントル上部を構成しているかんらん岩（46ページ参照）が、大きな地殻変動によって地表付近に上昇し、変質してできる岩石である。また、蛇紋岩はヒスイ（38ページ参照）を伴うことがある。

緑色の部分が蛇紋石、黒い部分は磁鉄鉱を多く含む
部分（大きいもので4cm、大分県・黒ヶ浜）

海岸の砂利の中から集めた蛇紋石
（大きいもので3cm、和歌山県・戸坂の
海岸）

海岸で丸く削られた蛇紋岩
（12cm、新潟県・須沢海岸）

表面が少し風化して白くなっている
（15cm、長崎県・雪浦海岸）

きれいな黄緑色の蛇紋石
（4cm、新潟県・市振海岸）

暗緑色の蛇紋岩。白い部分は風化による
（12cm、富山県・宮崎海岸）

玄武岩の中に取り込まれたかんらん石の集まり（左右20cm、島根県・隠岐島の海岸）

かんらん石

Olivine

> ケイ酸塩鉱物
> 硬度：6.5-7
> 比重：3.3-3.7
> 色：淡緑色、暗褐色、淡い茶色

　かんらん石は、母岩の表面や内部に粒状に集まっているか、斑点状に含まれている状態で見られる。あるいは、母岩からはずれて海岸の砂の中に混じっていることも多い。

　色は、成分に含まれる鉄とマグネシウムの割合により、緑色系から褐色系、暗色系へと連続的に変化する。緑色がきれいで大きなものは、ペリドットと呼ばれて宝石として扱われる。

　かんらん石が集まってできるかんらん岩は、地球内部のマントル上部を構成している岩石である。マントルからマグマが上昇するときにかんらん岩が取り込まれることにより、かんらん石を含む溶岩が地表に噴出するのである。海辺のかんらん石も、地球深部からやってきたといえる。

●石の中に見つかるかんらん石

玄武岩の中にかんらん石の粒が密集して入って
いる（左右20cm、佐賀県・高島の海岸）

玄武岩中のかんらん石。左写真のものよりやや
褐色を帯びている
（左右20cm、島根県・隠岐島の海岸）

玄武岩の中に斑点状で含まれるかんらん石
（淡黄緑の点、石の大きさ10cm、新潟県・佐渡島
の海岸）

かんらん石を多く含むかんらん岩
（8cm、北海道・幌満海岸）

玄武岩の中のかんらん石捕獲部分。
かんらん石（褐色）の粒を伴っている
（左右6cm、佐賀県・高島の海岸）

● 砂の中のかんらん石

きれいなうぐいす色のかんらん石
（各粒2〜3mm、東京都・三宅島の海岸）

淡い緑色の砂粒がかんらん石
（各粒1〜2mm、新潟県・佐渡島の海岸）

砂浜のかんらん石を多く含む部分は緑色に見える（左、福井県・赤礁海岸）。このような海砂をパンニングすると、緑色のかんらん石が多く見られる（右、各粒1〜2mm）

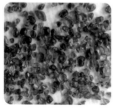

ほとんどが褐色のかんらん石などの有色鉱物でできている海砂（右、鹿児島県・川尻海岸）。この砂から拾い集めたかんらん石（左、各粒1〜2mm）

ガラスの砂浜

　色とりどりの細かなガラス粒だけでできた人工の砂浜がある。

　長崎県大村市にある長崎空港島の対岸に広がる砂浜だ。ここは長崎県が海洋汚染の原因になっていた汚れた砂を除去し、アサリなどの生物が棲める環境にするために廃ガラス瓶から製造した再生砂を整備したものだ。

　5mmほどのさまざまな色ガラスの粒が砂浜を占め、陽が差すとキラキラと輝いて、まるでおとぎの国のような美しい浜辺になっている。対岸には空港があるため、飛行機の離発着を眺めながら、ガラスの海岸で優雅なひとときを味わうことができる。

　ただし、ガラス粒は丸く研磨されているが、安全のため素足では立ち入らないようにしよう。

さまざまな色のガラスの粒でできた砂浜。沖に長崎空港の滑走路の端が見える

広い砂浜がすべてガラスの粒でできている

海岸の一部に集まった砂鉄。ほとんどが磁鉄鉱などの鉄を含む鉱物（青森県・岩屋海岸）

磁鉄鉱
じ てっこう

magnetite

酸化鉱物
硬度：5.5
比重：5.2
色：黒色

　海岸の砂浜を見ると、場所によっては部分的に黒い砂が集まっていることがある。この砂はいわゆる「砂鉄」で、砂粒のほとんどが鉄を含む鉱物からなっている。

　砂鉄をルーペで覗くとキラキラ輝く小さな黒い粒が見え、磁石を近づけると引き寄せられる。これが磁鉄鉱である。海砂に磁鉄鉱がよく見られるのは、火成岩（102ページ参照）をつくる主要造岩鉱物の一つであるため、多くの岩石に含まれていることによる。

　青森県・岩屋海岸の近くでは、かつて鉄の資源としてこの砂を採っていたという。これほど大量の砂鉄が広範囲に集まる海岸はそう多くはないが、部分的に集まっている場所なら、多くの砂浜で見かけるだろう。

貝殻の周りに磁鉄鉱が集まっている（北海道・幌別川河口の海岸）

砂浜の部分的に黒く見えるところに磁鉄鉱が集まっている（青森県・大畑海岸）

左ページの写真の砂鉄を拡大したもの。黒光りした粒が磁鉄鉱（目盛は1mm）

砂鉄に当てた磁石に引き寄せられた鉱物。ほとんどが磁鉄鉱（目盛は1mm）

川尻海岸（鹿児島県）は砂浜が真っ黒である（左）。磁鉄鉱、かんらん石、角閃石や輝石などの有色鉱物が多く含まれていることによる。砂を拡大すると、ほとんどが磁鉄鉱であった（右、砂粒の大きさ1〜2mm）

結晶片岩の中に含まれるガーネット（赤い斑点、大きいもので直径1cm、愛媛県・土居蕪崎の海岸）

ガーネット

Garnet

ケイ酸塩鉱物
硬度：7
比重：3.4-4.3
色：暗赤色、赤色、褐色、
ピンク色、緑色など

　ガーネットは和名を柘榴石といい、組成の一部にバリエーションのあるいくつかの鉱物のグループ名である。

　流紋岩や安山岩、花こう岩などの火成岩のほか、結晶片岩や片麻岩といった変成岩に含まれている。暗赤色や赤色のものがもっともよく見られるが、暗褐色や緑色をしたものもある。しかし海辺で見つかるのは暗褐色、暗赤色もしくは赤色のものがほとんどである。

　硬度が7もあり硬く、比重も大きいため、川では砂の中の一部分にガーネットが集まっていることがある。同様に海辺の砂の中にも、ガーネットが集中している部分が存在することがある。

花こう岩の中に含まれているガーネット
（中央の赤い点、3mm、茨城県・平磯海岸）

デイサイトの中に含まれるガーネット
（中央の赤い点、2mm、香川県・鹿浦越浜）

白い花こう岩内の大きなガーネット
（中央の褐色の部分、8mm、静岡県・
鮫島海岸）

淡赤色のガーネットが見られる
（赤い斑点、大きいもので2mm、静岡県・天竜川河口海岸）

●海辺の砂と一緒に出てくる場合

砂の中に見られる淡赤色の粒がガーネット
（各粒1〜2mm、静岡県・天竜川河口海岸）

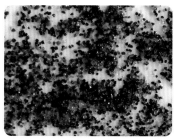

左写真の砂をパンニングした状態。ガーネット
と磁鉄鉱が残った

黒色の流紋岩の中に脈状に見られるオパール（白色、左右5cm、新潟県・佐渡島の海岸）

オパール

Opal

ケイ酸塩鉱物
硬度：5-6.5
比重：1.9-2.3
色：乳白色、虹色、褐色など

　和名を「蛋白石」というように、日本で見つかるオパールは卵の白身のような色合いをしたものがほとんどである。遊色（光の干渉により石の表面に見られる虹色の輝き）が見られるものはかつて、国内では福島県で見つかっていた。外国産のオパールには、赤色からオレンジ色をしたメキシコのファイヤーオパールや、青色や赤色が混じった遊色を示すオーストラリア産オパールなどがある。

　結晶していることが鉱物の定義の一つであるが、オパールはその例外にあたる、非結晶質の鉱物である。

　オパールは、マグマが冷え固まって流紋岩になるときに空洞ができ、そこに二酸化ケイ素の細かい球状の結晶が集まったものである。表面に見られるオパールの色は、結晶の大きさや不純物によって異なる。

母岩に脈状に入っていたオパールがはずれたもの
（3cm、青森県・久慈ノ浜海岸）

球顆流紋岩の中に見られるオパールや玉髄
（左右3cm、兵庫県・八木海岸）

火山岩の中に脈状に含まれていたもの
（3cm、アイスランドの海岸）

●遊色のあるオパール

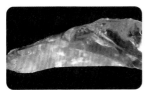

日本産オパール（福島県・宝坂）

メキシコ産
ファイヤーオパール

オーストラリア産オパール

ペグマタイトの中の、黒色の部分が鉄電気石（左右5cm、茨城県・磯崎海岸）

電気石

Tourmaline

ケイ酸塩鉱物
硬度：7
比重：3.2
色：黒色

　電気石（トルマリン）は10種類以上ある鉱物グループの総称である。電気石のうち宝石になるものは、透明で光沢があり、ピンクや黄緑色をしたもので、リチア電気石などがそれにあたる。

　川原や海辺で見つかる黒い棒状のものは鉄電気石といい、英語名はショール（schorl）、宝石名ではブラックトルマリンと呼ばれる。鉄電気石は、海辺では鉱物結晶の粒が大きなペグマタイト（巨晶花こう岩）と呼ばれる花こう岩の中や、片麻岩などの中に見られる。

　流紋岩の中に見られる円形や放射状の黒いかたまりはフォイト電気石である。フォイト電気石うち、マグネシウムの多い苦土フォイト電気石は日本産の新鉱物である。

ペグマタイトの中に見られる鉄電気石
（石の大きさ5cm、茨城県・磯崎海岸）

流紋岩に含まれるフォイト電気石
（黒い斑点、石の大きさ5cm、富山県・宮崎海岸）

黒い斑点が流紋岩中のフォイト電気石。やや緑が
かっている
（石の大きさ5cm、富山県・宮崎海岸）

流紋岩中に放射状に見られるフォイト電気石
（石の大きさ6cm、新潟県・市振海岸）

褐色の流紋岩の中に見られるフォイト電気石
（石の大きさ5cm、新潟県・親不知海岸）

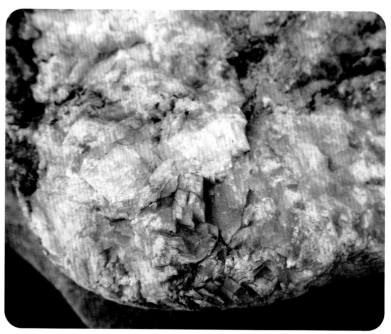

平行六面体の劈開面が見られる方解石（左右8cm、青森県・尻屋崎の海岸）

方解石
ほうかいせき

Calcite

炭酸塩鉱物
硬度：3
比重：2.7
色：透明、白色など

　上の写真は、石灰岩（70ページ参照）の中に脈状に見られる方解石である。岩石の中に白い脈状に見られる鉱物は石英か方解石であることが多いが、両者は硬度や、劈開面（割れ口）から見分けることができる。

　方解石は硬度3、石英は硬度7のため、ナイフ（硬度5.5程度）を当てて傷がつけば方解石である。また、方解石であればその劈開面に特徴的な平行六面体が見られ、酸に溶けやすい性質もある。

　大理石は石灰岩が熱変成を受けてできる変成岩だが、大理石をつくっている細かな結晶も方解石である。

淡い褐色の方解石脈（左右20cm、福井県・金崎海岸）

石灰岩からはずれた方解石脈
（大きいもので6cm、福井県・金崎海岸）

方解石の細かな粒が集まった大理石
（6cm、広島県・木江海岸）

石灰岩に脈状に見られる方解石
（4cm、和歌山県・シャクシの浜）

方解石

石英の表面に盛り上がるように黄鉄鉱が見られる（左右5cm、新潟県・青海海岸）

黄鉄鉱
おうてっこう

Pyrite

> 硫化鉱物
> 硬度：6
> 比重：5
> 色：真鍮色

　黄鉄鉱は金色に輝く鉱物で、金と間違われることがしばしばあり、「愚者の金」とも呼ばれる。黄鉄鉱の方が圧倒的に硬いのですぐ区別できる。

　海辺では、黄鉄鉱は表面が酸化して茶色くなっていることが多いので見逃しやすい。また、黄鉄鉱としてよく知られる六面体の結晶（左写真）で見られることは少なく、ほとんどの場合、塊状や細かい粒状で現れている。

黄鉄鉱の六面体の外形（スペイン産）

海岸の石の中に黄鉄鉱の結晶が光っている
（各粒5mm、島根県・越目浜）

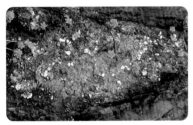

黄鉄鉱の六面体の結晶が散らばっている
（白っぽい粒、各3mm、鳥取県・羽尾の海岸）

泥岩のノジュールを割ると黄鉄鉱化した二枚
貝化石が出てきた
（化石の大きさ4cm、和歌山県・田並海岸）

立方体をした黄鉄鉱が変質して茶色になったものが斑点状に岩石中に見られる
（石の大きさ40cm、鳥取県・羽尾の海岸）

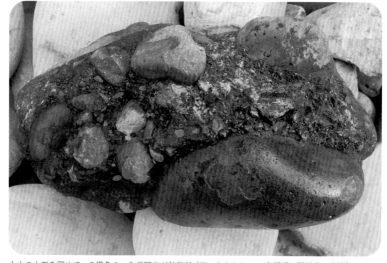

大小の小石を固めている褐色のつなぎ部分が針鉄鉱（石の大きさ8cm、島根県・隠岐島の海岸）

<ruby>針鉄鉱<rt>しんてっこう</rt></ruby>

針鉄鉱

Goethite

酸化鉱物
硬度：5.5
比重：4.3
色：褐色　黒褐色

　地下水によく含まれる褐色をした鉄分が礫層にしみ込むと、細かい針鉄鉱の結晶となり、しばしば周囲の砂や小石をつなぎ留める。そのうち、中が空洞になったものは「坪石」と呼ばれて珍重される。

　針鉄鉱が集まったものを褐鉄鉱（リモナイト）ともいう。

針鉄鉱は砂や小石をつなぎ固めたり、植物の根の周りについたりして、塊状（左、6cm）や棒状（右、長さ15cm）のものなど、いろいろな形の造形物をつくる（いずれも兵庫県・八木海岸）

一見木片のようだが珪化していて非常に硬い。黒い部分はジェット（4cm、茨城県・磯崎海岸）

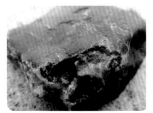

珪化木
けいかぼく

Silicified wood

珪化した木の化石
色：灰色、淡褐色、黒色

　地層に埋もれた木片の細胞に、周囲の土壌からケイ酸分が浸透し、木の組織を残したまま細胞が珪質（二酸化ケイ素）の石に置き換わることによって珪化木ができる。多くの場合、木目や年輪が残っている。

　二酸化ケイ素、つまり石英分が集まった状態なので、玉髄やメノウ質であったり、なかにはオパール質のものもある。色は淡い褐色から灰色、黒色で、硬く黒い部分はジェットという宝石として扱われる。

石炭に伴って出てくる珪化木（左、10cm）。一部に石英や水晶が見られる（右、8cm／ともに長崎県・池島の海岸）

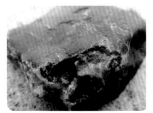

透明感のある褐色をした琥珀（2cm、千葉県・長崎海岸）

琥珀
Amber

天然樹脂の化石
硬度：2-2.5
比重：1.0-1.1
色：透明感のある黄褐色

　琥珀は樹脂の化石である。そのため定義からいえば鉱物には含まれないが、古代から宝石や調度品などとして珍重されているため、例外的に鉱物として扱われている。世界的には、多くの琥珀はバルト海沿岸産やロシア産の古第三紀（6500万〜2500万年前）のものだが、日本では岩手県久慈地方で白亜紀（約9000万年前）のものが産する。

　琥珀の中には昆虫などの生物が閉じ込められていることがあり人気が高い。映画「ジュラシック・パーク」（1993年）も、琥珀の中に閉じ込められていた蚊の血液中からDNAを取り出し、恐竜を復元するというファンタジーだった。

海岸の崖に見られる琥珀の一部
（10cm、岩手県・宿戸海岸）

砂岩中に含まれる炭化物層の中に琥珀
が見られる（5mm、岩手県・宿戸海岸）

石炭の中に含まれている琥珀（大きいもので5mm、山口県・本山岬の海岸）

海岸に打ち上げられた漂流物の間に琥珀が見つかる（右写真は中央の褐色の粒、大きいもので1cm、
ロシア・サハリンの海岸）

いろいろな色のチャート。ただし白色は石英（大きいもので3cm、高知県・長浜）

チャート

Chert

ケイ酸質岩石／堆積岩
色：赤色、黒色、褐色、
黄色、緑色など

　海辺で見つかるカラフルな石の多くはチャートである。石英質で硬く、火打石などとしても使われてきた。動物の角のように硬いことから「角岩」や「珪岩」などとも呼ばれるが、学術的には「チャート」という名称が広く用いられている。

　チャートの断面には、放散虫と呼ばれるプランクトンの遺骸（ケイ酸質）や珪質海綿の骨針が多数見られる。このことからチャートは、深海底にこのような生物の遺骸が大量に堆積してできた堆積岩（102ページ参照）の一種であることが分かった。

　またチャートは「五色石」とも呼ばれるほどさまざまな色を呈する。酸化鉄を含んで赤色に、硫化物を含んで黒色になるなど、混じっている成分によって色が変わる。

濃い緑色のチャート
（2cm、北海道・常呂海岸）

明るい緑色のチャート
（左右10cm、兵庫県・八木海岸）

いろいろな色のチャート
（大きいもので3cm、兵庫県・望海浜）

赤色のチャート
（大きいもので4cm、北海道・興部海岸）

黒色と灰色のチャート
（5cm、茨城県・大洗海岸）

きれいな楕円体に磨かれた砂岩（大きいもので4cm、和歌山県・煙樹ヶ浜）

砂岩
（さ　がん）

Sandstone

砕屑性堆積岩
色：灰色など

　小石や砂などが水底に積み重なって押し固められてできる堆積岩のうち、大きさが2mm〜0.06mmの砂粒が堆積してできた岩石が砂岩で、0.06mm以下の粒子でできたものは泥岩である。

　砂岩を構成している粒子は石英や長石などのほか、細かな岩片も含む。これらの粒をつなぎ合わせている部分は炭酸カルシウムや二酸化ケイ素でできている。

　砂岩はいわば砂のかたまりなので、表面はざらついており、泥岩は滑らかなものが多い。色は写真のような灰色が一般的だが、酸化鉄などにより褐色に色づいているものもある。海辺にある砂岩・泥岩は波などで円磨され、きれいな球状や楕円体状になっているものがほとんどである。

　また、砂岩・泥岩には、しばしば貝類などの化石が含まれている。

◉化石を含む砂岩・泥岩

貝化石（白い部分）を含む砂岩
（5cm、茨城県・会瀬の海岸）

泥岩の中に貝化石（白い部分）が含まれている
（5cm、茨城県・大洗海岸）

砂岩の表面に見られる楕円形のくぼみは貝化石の跡
（左右20cm、和歌山県・田並海岸）

三日月形の二枚貝の断面が見られる砂岩
（6cm、島根県・小田海岸）

細く白い部分が貝化石
（石の大きさ10cm、茨城県・平磯海岸）

ウミユリの化石を含む砂岩
（左右50cm、岩手県・ハイペ海岸）

もっとも普通に見られる石灰岩の外観（大きいもので4cm、愛媛県・松原海岸）

石灰岩
せっかいがん

Limestone

> 石灰質の堆積岩
> 色：白色、灰色、
> 黒色など

　石灰岩は炭酸カルシウムを主体とした堆積岩で、石灰質の殻を持つ生物の遺骸が海底で堆積したか（生物性）、あるいは水中の炭酸カルシウムが化学的に沈殿してできたもの（化学性）である。生物性はおもに二枚貝、サンゴ、ウミユリ、紡錘虫などの遺骸からなり、場合によっては化石として、その生物の殻が残っていることもある。

　石灰岩はセメントや肥料などの原料となる重要な資源であり、日本では唯一輸入に頼ることのない資源でもある。また、石灰岩が熱変成を受けると、方解石（58ページ参照）の集合である大理石となる。石灰岩はほとんどが古生代、中生代（約5億4100万〜約6600万年前）に形成されたものだが、沖縄には琉球石灰岩と呼ばれる新生代（約6500万年前以降）の石灰岩がある。

石灰岩の表面は粉が吹いたように見える
（8cm、青森県・尻屋崎の海岸）

新生代につくられた琉球石灰岩
（4cm、沖縄県・宇座海岸）

石灰岩が水で侵食されたときにできる独特の形
（10cm、福井県・金崎海岸）

水に濡れると石灰岩特有の色がよくわかる
（15cm、新潟県・須沢海岸）

ウミユリの円形の横断面が見られる
（石の大きさ5cm、和歌山県・シャクシの浜）

ウミユリの柱状の縦断面が見られる
（6cm、和歌山県・下の大瀬の海岸）

緑色凝灰岩は水に濡れるときれいな緑色になる（4cm、福井県・大丹生海岸）

緑色凝灰岩
りょくしょくぎょうかいがん

Green tuff

火山性堆積岩
硬度：7
比重：2.6
色：淡緑色、くすんだ緑色

　緑色凝灰岩（グリーンタフ）は、火山灰が堆積してできた堆積岩（凝灰岩）のうち、緑色を呈するもので、北海道から東北日本や西南日本の日本海側に広く分布する。緑色凝灰岩の分布地域はグリーンタフ地域とも呼ばれ、約2600万年前から500万年前に起きた造山運動により激しい海底火山活動で噴出した火山灰が堆積した地層である。

　緑色に見えるのは、凝灰岩の中に含まれていた造岩鉱物が、堆積後に熱水などの変質作用で緑泥石などの緑の鉱物に変わった結果で、淡いものから暗いものまでさまざまな緑色を呈する。また、赤みを帯びた色のものもある。好みの色合いを探してみるのも楽しいだろう。

緑色の流れ模様が見られる
（16cm、島根県・越目浜）

やや粗い粒子が混ざる緑色凝灰岩
（6cm、北海道・興部海岸）

きれいに球状に円磨された緑色凝灰岩
（6cm、島根県・河下町の海岸）

淡い色の緑色凝灰岩
（6cm、新潟県・佐渡島の海岸）

緑色の地に白色の筋が入っている
（5cm、福井県・浜地海岸）

海岸に打ち上げられた軽石（3cm、静岡県・爪木崎海岸）

軽石
かるいし

Pumice

多孔質の流紋岩
色：白色、褐色、灰色

　火山活動で噴出した岩石（火山岩）のうち、多孔質でスカスカの状態になっているものを軽石という。岩質学的には流紋岩に分類されるが、気泡が多くあるため水に浮かぶ。それゆえ、遠く離れた場所で起きた火山活動で噴出した軽石も、海流に流されて日本各地に漂着することがある。

　2021年8月に噴火した小笠原諸島の海底火山、福徳岡ノ場が噴火したときに噴出した大量の軽石は、沖縄や本州各地の太平洋海岸に流れ着いた。ただしこのときの軽石は流紋岩ではなく、粗面岩（流紋岩のように白っぽい火山岩だが、石英をほとんど含まず長石を主成分とするもの）に分類されている。

福徳岡ノ場の噴火で噴出した軽石
（5cm、沖縄県・喜屋武の浜）

福徳岡ノ場で噴出された軽石が浜に打ち寄せられている様子（沖縄県・宇座海岸）

いろいろな色をした軽石（大きいもので5cm、鹿児島県・瀬々串の海岸）

黒い砂浜に白い軽石が目立つ
（大きいもので4cm、鹿児島県・川尻海岸）

褐色の軽石
（5cm、鹿児島県・川尻海岸）

75

割ると中は真っ黒のガラスのようだが、海辺では右写真のように表面が灰色の石として存在し、一見黒曜石だとはわかりにくい（5cm、北海道・湧別海岸）

黒曜石
こくようせき

Obsidian

ガラス質の火山岩（流紋岩）
色：黒色、灰色、白色、透明、茶色

　黒曜石は鉱物ではなく、火山岩（流紋岩）の一種である。そのため厳密には黒曜岩というのが正しいが、広く「黒曜石」で通っている。

　マグマが溶岩として地表に噴出した後、一瞬にして冷え固まると、鉱物の結晶ができず、ガラス質のみからなる黒曜石になる。

　割ると角が鋭利なため、古くから刃物の材料として珍重され、広く流通していた。日本では100か所以上で黒曜石が見つかっているが、質のいいものは北海道の白滝や十勝地方のものが有名である。

表面は灰色だが、割ると内部は黒色の黒曜石
（5cm、島根県・隠岐島の海岸）

表面も中も灰色
（5cm、島根県・隠岐島の海岸）

淡い灰色で半透明の黒曜石
（4cm、大分県・姫島の海岸）

●黒曜石に近い松脂岩と真珠岩

　黒曜石によく似た石に松脂岩と真珠岩がある。黒曜石と同じようにガラス質の流紋岩だが、水を含む割合が多いものを指す。松脂岩は樹脂状の光沢をもち、真珠岩は粒状で現れる。

松脂石の質感は黒曜石のように均質ではない
（左右10cm、島根県・隠岐島の海岸）

粒が集まったように見える真珠岩
（5cm、鹿児島県・清水浜）

ほとんど珪質の流紋岩に縞模様が見られる小石（3cm、青森県・鼻繰崎）

縞模様の石

Striped stones

> 火成岩、堆積岩、変成岩
> 色：さまざまなパターンがある

　海岸では、しばしば幅数ミリ〜数センチのきれいな縞模様をもつ石が見つかることがある。縞模様のできる石の種類は火成岩（流紋岩や凝灰岩）、堆積岩（珪質の砂岩泥岩互層、チャートなど）、変成岩（結晶片岩など）さまざまである。また、石が形成された地質時代も、縞模様ができる原因もそれぞれ異なり、確かなことがよくわからないものもある。しかし模様がきれいなので、水辺の石探しでは人気がある。

　また、鉱物にも縞模様の見られるものがある。玉髄の一種で縞模様があるものはメノウ（18ページ参照）と呼ばれる。

珪質の砂岩泥岩互層
（3cm、青森県・鼻繰崎）

チャートに見られる茶と白色の縞模様
（4cm、山口県・本山岬の海岸）

黒曜石の中に見られる縞模様
（6cm、島根県・隠岐島の海岸）

珪質の砂岩泥岩互層に見られる斜交した縞
模様（5cm、三重県・名田浜）

チャートに見られる赤白の縞模様
（5cm、高知県・長浜）

砂岩泥岩互層の白黒の縞模様
（4cm、北海道・湧別海岸）

白い玉髄質の部分と褐色の流紋岩
（4cm、兵庫県・八木海岸）

白黒色の縞模様の流紋岩
（5cm、兵庫県・八木海岸）

白色系の縞模様の流紋岩
（5cm、兵庫県・江井島海岸）

砂岩泥岩互層の白黒の縞模様
（4cm、北海道・常呂常南海岸）

赤い紅簾石層と白い石英層の縞模様をつくる
結晶片岩（8cm、兵庫県・沼島南部の海岸）

緑泥石と石英の縞模様をつくる結晶片岩
（12cm、愛媛県・藤原の海岸）

80

左側に小さな正断層、右側に逆断層が見られる（4cm、三重県・名田浜）

小断層のある石
しょうだんそう

Micro fault stone

砂岩泥岩互層の堆積岩など
色：灰色、黒色、縞模様など

　縞模様のある石をよく見てみると、上の写真のように地層が食い違って断層ができていることがある。断層は、地殻変動による大規模な地面のずれのことで、一般には地震によって現れる広範囲の断層がよく知られている。しかし岩石の中にもこのような小さな断層が見られる。どんなに小さい断層でも、やはりかつてその岩石に強い力が加わってずれた証なのである。

　なお、断層には上盤がずり下がる正断層、その反対に上盤が上がる逆断層、地盤が水平にずれる横ずれ断層の3つがある（133ページ参照）。

断層がいくつも入り組んでいる
（6cm、三重県・名田浜）

ほぼ垂直に断層が見られる
（5cm、三重県・名田浜）

石の右側に、上下方向にわずかにずれた断層が見られる
（5cm、高知県・長浜）

石英の中に横一直線の正断層が見られる
（5cm、北海道・常呂常南海岸）

階段状にいくつもの細かい断層が見られる
（5cm、三重県・名田浜）

宮沢賢治が訪れた樺太の海岸

　童話作家・宮沢賢治が「石っこ賢さん」の異名をもつほど子どもの頃から石好きであったことはよく知られている。

　1923年8月4日、花巻農学校の教員をしていた賢治は、当時は日本領で鉄道で行ける北限であった樺太（サハリン）の栄浜（現スタロドゥプスコエ）を訪れた。表向きの目的は卒業生の就職依頼で、樺太にある製紙工場に務めていた賢治の後輩を頼って、就職口を相談しに行ったのだ。

　ただ、実は賢治にはもう一つ別の目的があった。前年に病気で亡くなった妹のトシを思っての、鎮魂の旅という側面があったのだ。生前、賢治はトシといっしょに樺太へ行く約束を交わしており、また亡くなった人の魂は北へ向かうという言い伝えがあったこともあり、賢治はトシといっしょに旅をするつもりで北の果てへ向かい、栄浜の海岸で、トシの魂との交信を願ったといわれている。

　下の写真が現在（2019年）の栄浜の海岸である。たくさんの流木が打ち上げられているが、漂着物の中をよく探すと、きれいなコハクが見つかる。

現在の栄浜（スタロドゥプスコエ）の海岸

流木の間に見られるコハク

第Ⅱ章 | 海辺の石や砂について知ろう

　周囲を海に囲まれている日本は、海岸線の長さを合計すると約3万4,000km におよび、これは地球の一周約4万kmの8割以上にあたる。この長い海岸線は岩場であったり砂浜であったりするが、人々が海水浴などのためによく訪れる浜辺には、小石や砂が溜まっていることが多い。

　このような砂や小石はどこから運ばれてくるのだろうか。

砂が主な幌別海岸(北海道)

小石が集まった長浜(高知県)

1 海辺の砂や小石はどのようにしてできるか

　山はいろいろな岩石でできているが、大きく分けると、火成岩、堆積岩と変成岩の3種類である(102ページ参照)。マグマが冷え固まって火成岩が、岩石が削られて小石や砂になったものなどが水底に堆積して堆積岩が、火成岩や堆積岩が熱や圧力で変化することにより変成岩ができる。

　山でできた岩石が小石や砂となって海辺にいたるには、流水のはたらきが重要な役割を果たしている。

　山の岩石が雨風や気温の変化などで風化侵食され、土砂となって川(流水)に流れ込む。川はさらに山を削りながら土砂を下流へ押し流し、最終的には海へと運ぶのである。

　海に運ばれた土砂は海水中でふるい分けられ、粒が粗く重いものは陸近くに、細かく軽いものは沖の方へと運ばれ、海底に堆積する。それらの堆積物

は、今度は沿岸流や波などの流れによって陸地（海岸）の方へに運ばれ、地形的に溜まりやすいところに再び堆積する。天然の浜辺はこのようにしてできる。

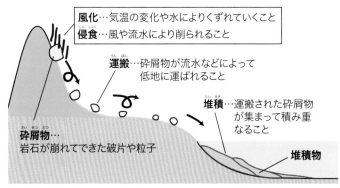

風化…気温の変化や水によりくずれていくこと
侵食…風や流水により削られること

運搬…砕屑物が流水などによって低地に運ばれること

堆積…運搬された砕屑物が集まって積み重なること

砕屑物…岩石が崩れてできた破片や粒子

堆積物

流水のはたらき

①花こう岩でできた山

②花こう岩が風化侵食し、崩れて土砂になる

③川の流れにのって砂や小石が運ばれる

④河口や海岸に砂や小石が集まる

2 海辺の石・鉱物・砂を観察しよう

　岩石はいろいろな鉱物が集まってできている集合体である。したがって、岩石が風化してバラバラになった砂粒は鉱物であるともいえる。風化侵食される過程で風化しにくい鉱物は残り、風化しやすい鉱物は泥などの粒子の細かい物質に変わっていく。細かく軽い粒子は沖の方に運ばれるため、海岸に見られるのは砂粒以上の大きさのもの（0.0625mm以上）が多い。

　例えば、写真に示している花こう岩は複数の鉱物でできている。白く見える部分が石英、淡い褐色の部分が長石、黒い粒は黒雲母である。

　花こう岩が風化すると、バラバラに砕けてそれぞれの鉱物の砂粒になる。写真の石の背景に見える砂粒にも、石英や長石の砂が見られる（黒雲母は別の鉱物へと変質していることが多い）。

黒雲母、長石、石英でできた花こう岩

風化が進んだ花こう岩。構成鉱物がよくわかる

岩石の風化がさらに進み、少しずつくずれて構成鉱物の砂粒になっていく。左の写真は石英（灰色）と長石（淡い褐色）、右の写真は黒雲母（黒色）と長石（白色）

3 海岸の小石

　小石ばかりが集まった海岸もある。こうした海岸では、砂は沖に運ばれほとんどなくなっており、粒の大きな小石が残っている。

　小石のなかでも、チャートや石英質の石などは硬度や比重が高く、波でもまれても選択的に海岸に残っていく。そのため海岸で見られるきれいな石は

ほとんどがチャートでできている海岸
（兵庫県・鳥飼浦の海岸）

玉髄、メノウやヒスイのほか石英質が中心である。また、珪質の砂岩や泥岩も海岸に残りやすい。

　石探しには、こぶし大までの大きさの石でできている浜辺が適している。

石英の小石

玉髄の小石

こぶし大の石が多くある
（静岡県・菖蒲沢の北海岸）

3〜4cmの小ぶりな小石が多い
（長崎県・春日の海岸）

4 海岸の砂

　海辺で見られる砂粒は鉱物であることがほとんどである。白い砂浜は石英や長石などの無色鉱物でできているが、場所によっては磁鉄鉱や角閃石、輝石などの有色鉱物が集まっており、黒っぽく見えるところもある。

灰色の半透明が石英、白色が長石
（福井県・水晶浜）

浜辺の黒い部分は磁鉄鉱を主とした有色鉱物の集まり（青森県・岩屋海岸）

石英を主体とした長い砂浜だが、ところどころにきれいな小石や貝殻がある
（福井県・浜地海岸）

岩場のくぼんだ部分に砂が溜まる小さな砂浜
（新潟県・佐渡島の海岸）

左の写真の砂の拡大。淡い緑色の鉱物が含まれ、砂全体が淡い緑色をしている

5 砂の分類

●粒の大きさ（粒度）による分類

　砂は粒の大きさ（2～0.0625mm）により、大きく3種類に分けられることが多い。砂場の砂や建材としての砂は2mm以上の場合もあるが、上限は5mmとされている。

粗粒砂（2～0.5mm）

中粒砂（0.5～0.25mm）

細粒砂（0.25～0.0625mm）

●構成鉱物による分類

　一般に、その砂に占める割合の高い鉱物名で呼ばれる。

石英砂（石英を多く含む）

かんらん石砂（緑色のかんらん石を多く含む）

砂鉄砂（磁鉄鉱などを多く含む）

貝殻片、サンゴ片、有孔虫などの遺骸砂

6 砂を構成しているもの

●砂をつくる鉱物

　白い砂浜の砂はほとんどが石英か長石である。これらの透明か半透明、白色の鉱物は無色鉱物と呼ばれる。一方、一部もしくは全体が黒い砂浜の砂は砂鉄（磁鉄鉱やチタン鉄鉱）や角閃石、輝石で、場所によってはかんらん石を含むところもある。これら色の濃い鉱物は有色鉱物という。

無色鉱物（透明から半透明のものが石英、白色が長石）

有色鉱物（長柱状の角閃石、短柱状の輝石、キラキラした磁鉄鉱、褐色半透明のかんらん石）

●砂をつくる岩粒（小石）

　砂にもっとも多く含まれる岩粒はチャートである。硬く、川や海の流れで円磨されても海岸に残りやすい。海岸付近の崖を構成する岩石も運搬距離が短いため、風化後も砂浜に残りやすい。

●砂をつくる生物片

　貝殻片、サンゴ片、有孔虫の殻でできている砂浜は、無色鉱物主体の砂浜よりも、さらに明るく真っ白に見える。そのような砂浜は、日本では沖縄県周辺の海岸などに多い。

全体的に粗粒の砂（2〜0.5mm）。岩石種は流紋岩、安山岩、チャートが主体

ほとんどがサンゴ片や貝殻片。丸いものは有孔虫の殻

ビーチコーミング

　ビーチコーミングとは、海岸を散歩していると目につくきれいな貝殻、流木、小石、木の実などの漂着物（生物以外）を探すことをいう。自然物だけでなく、陶器などのかけら、空ビンなどの人工物もあり、きれいに磨かれたガラス片（シーグラス）は特に人気がある。

貝殻片

貝殻とサンゴ片

シーグラス

流木（写真：白石由里）

白い小石

いろいろな色の小石

砂浜になっている海岸はたくさんあるが、一概に砂といっても、地域によっては異なる様相を呈する。各地の砂浜の砂をルーペで見てみると、透明な粒であったり、色がついていたりと、それぞれ違った粒子でできているのがわかる。本章では、砂を簡単に観察する方法を紹介する。

1 砂標本プレートを作ろう

標本プレートを作って観察する方法は、カメラの接写機能を使って直接海辺の砂を撮るよりも簡単で、各地の砂浜の砂の違いもわかりやすい。

ただし条例等で海砂採取が禁止されている地域もあるため、注意しよう。

❶ A4サイズのクリアファイルを切り離す。くぼみのない方のシートに、横3cm、縦5cm間隔で線を引き、各マス目の下から3分の2に両面テープを貼る。

❷ 残り3分の1の部分に地名を記入するためのタックシールを貼り、線に沿って切り分ける。

② プレートで砂標本を採集しよう

❶ 標本を採集したい砂浜に行き、プレートに貼った両面テープの紙をはがし、粘着面を砂浜の上に置く。

❷ プレートを上から押さえてしっかり砂を貼りつけ、持ち上げて余分な砂を払い落とすと、標本プレートのできあがり。

③ 砂標本プレートを観察しよう

　できた砂プレートを上からルーペで観察する。砂をつくる構成物によっては、光を透過させたり、後ろに黒い紙を敷いた方がきれいに見える場合もある。

黒い背景の場合
（白い鉱物がわかりやすくなる）　　白い背景の場合
（黒い鉱物がわかりやすくなる）　　光を透過させた場合
（鉱物の外形がはっきりする）

作成した砂標本プレートの例

●石英の多い砂

ほとんどが石英の粒でできている（背景は黒、福井県・水晶浜）

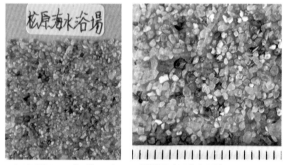

ほとんどが細かい石英の粒でできている（愛媛県・松原海水浴場）

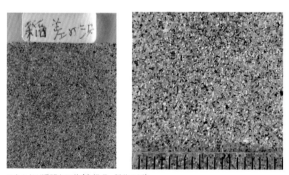

ほとんどが透明な石英（島根県・稲佐の浜）

●有色鉱物が多い砂

ほとんどが輝石や磁鉄鉱でできている（千葉県・銚子の海岸）

淡い緑色の粒のかんらん石や黒い粒の磁鉄鉱（福井県・赤礁海岸）

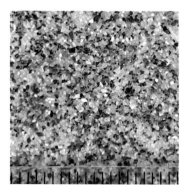

黒色の磁鉄鉱と赤色のガーネットが見られる（静岡県・天竜川河口海岸）

●岩石片が多い砂

ほとんどがきれいに摩耗した岩石片（北海道・常呂海岸）

ほとんどが石英で、一部は玉髄や岩石片が混じっている（福井県・浜地海岸）

花こう岩片や石英や長石でできている（香川県・津田海岸）

96

●生物片でできた砂

丸い有孔虫と細長いサンゴ片、とがったウニの棘でできている（沖縄県・里浜ビーチ）

サンゴやウニなどの破片でできている（沖縄県・喜屋武の浜）

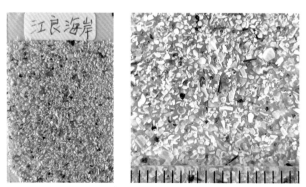

ほとんどが貝殻片でできている（福井県・江良海岸）

第Ⅳ章　きれいな石の撮影方法

　見つけた石を写真に収めておくと、あとで記録を整理するのに役立つ。また、法令・条例などで石の採集が禁止されているところでは、持ち帰らずに写真で記録する必要がある。本章では、海辺で石の写真を撮る方法を紹介しよう。

カメラの準備

　石の撮影には、接写機能（マクロ機能）が充実しているデジタルカメラが便利である。接写機能で撮影すると、石の細かい部分までルーペで直接見るのと変わらないような画像を撮ることができる。

　カメラは、できれば対象物から1cm～3cmでの接写が可能で、潮風や波しぶきで壊れないよう手早く出し入れができるコンパクトなものがいいだろう。

　最近はスマートフォン（以下スマホ）に接写機能がついている場合もある。また、スマホに市販の接写レンズを取りつけて撮影してもよい。

撮影方法

　石全体を写す場合は、まずスケール代わりになるものを近くに置いて写し、さらにスケールのない写真も撮影しておくとよい。

　接写する場合は指を石に当てるなどしてカメラを固定し、ぶれないように気をつけよう。

指を石に当てるなど、ぶれないように固定して接写撮影を行う

スマホに接写レンズをつけての撮影

🔘 撮影環境

　海岸で写真を撮る場合には、周りのいろいろな条件を考慮する必要がある。石の状態、光の角度や背景の工夫のほか、波をかぶらず安全に撮影できるよう、波打ち際から距離を置くことも大切である。

●光の影響

　太陽光の当たり方によっては、石本来の色を写しにくくなることがある。直射日光で撮影すると石の表面での反射が強く、白っぽく写ってしまう。また、夕暮れ時には太陽光線の赤みが強くなるため、写真にも影響が出る。

　薄曇りのときや陰の中で撮影したときが本来の石の色に近くなる。自分の影の中で撮影したり、撮影用シェードなどを使用するのも効果的である。

直射日光で写した写真。上部が白く光り、下部は影が強くなってしまう

陰に入れて撮影すると、石本来の色がわかりやすい

夕日で写すと石の色も赤みを帯びる

夕暮れ時も陰に入れて撮影する方が石本来の色で記録できる

●水に濡らす

　海辺の石は石同士が波でぶつかりあい、表面が摩耗し細かい傷が入っているため、白っぽく見えることが多い。しかし表面を水で濡らすと本来の色が現れる。ただし表面がきれいに摩耗しているものは、水に濡らすと反射光が強くなりすぎて、部分的にかえって白く見えることがある。

表面が乾いているチャートの色（左）と水に濡らしたときの本来の色（右）

波打ち際の様子。海水で濡れているところが石本来の色で、乾いているところは白っぽくなっている

すでに摩耗しているチャート。濡れると反射して白飛びする箇所がある

●背景の工夫

　海辺で石を写す場合、砂や砂利が背景になることが多いが、石を目立たせて撮影するには、以下のような工夫をするとよい。

> ❶ 背景を無地に近づけるため、砂や大きな岩の上で写す（石を際立たせる）
> ❷ 見つけた場所の雰囲気がわかるように写す（採集場所の様子がわかる）
> ❸ 手やコインなど一定の大きさのものと一緒に写す（石の大きさがわかる）
> ❹ 手に持つなどして光が透けるようにする（透過色がわかる）

無地に近い砂地で写す

大きな石の上で写す

見つけた状態で写す（石の隙間の中）

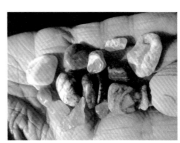

手のひらの上で写す

手に持ち、光を透過させて写す

光が透過するよう工夫して置く

採集地の様子を背景に入れるのもよい

column 7

石の分類

　海辺で見られる石にはいろいろな種類のものがあるが、大きくは火成岩、堆積岩、変成岩の3種類に分けられる。それらはさらに、成分や粒子の大きさ、変化する前の岩石の種類などによって分類されている。これらの岩石はほとんどが、鉱物が集まってできている。

火成岩	堆積岩	変成岩
マグマが冷え固まってできる	砂や小石が水中に堆積し押し固められる	火成岩や堆積岩に強い熱や圧力が加わって変質する

火成岩	堆積岩	変成岩
花こう岩 閃緑岩 斑れい岩	礫岩 砂岩 泥岩	結晶片岩 片麻岩
流紋岩 安山岩 玄武岩	石灰岩 チャート	ホルンフェルス 大理石
かんらん岩	凝灰岩	

花こう岩

流紋岩

玄武岩

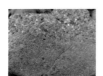

礫岩と砂岩

チャート

石灰岩

結晶片岩

片麻岩

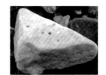

大理石

第Ⅴ章

きれいな石・砂の見つかる海辺

Chapter.Ⅴ
Seasides where
you can find
beautiful stones and sands.

北海道紋別郡雄武町北幌内

幌内川河口の北の海岸

長い海岸が広がっている。遠くに見えるのが幌内川の河口

　海岸は砂の部分と小石の部分がある。小石が集まっているところに行って石を探してみよう。この海岸の南側に流れ込んでいる幌内川の上流には安山岩が広く分布し、一部玄武岩や堆積岩も見られるため、海辺でもそれらの岩石が多く見られる。

　平たい石は砂岩や泥岩で、斑点のある石は安山岩、黒色で表面に細かい凹凸がある黒い石は玄武岩であることが多い。また、縞模様のある流紋岩、白っぽい石英や珪質岩、そのほか玉髄や緑色凝灰岩なども見られる。

アクセス JR石北本線網走駅から車で約3時間。オホーツク海海岸に平行に走る国道239号を北上する。幌内川を渡り少し行くと海岸に出る細い道がある。

色とりどりの玉髄（大きいもので3cm）

白い玉髄（3cm）

縞模様のあるメノウ（2cm）

表面が赤くなっている玄武岩（5cm）

緑色凝灰岩（4cm）

北海道石狩市厚田区厚田

厚田海岸

浜辺のすぐ横の海食崖はきれいな砂泥互層の地層が見られる

　海岸に見られる地層は新第三紀の泥岩を主体にした砂泥互層である。海岸の小石も砂岩や泥岩が中心だが、なかには安山岩などの火山岩も見られ、それは、この海岸の北の方に安山岩が広く分布していることによると考えられる。この安山岩の中に入っている玉髄が波の侵食・円磨などによって母岩からはずれ、単体で海岸の石のなかに混じっている。

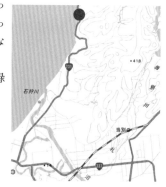

　また、波打ち際にはきれいな碧玉や緑色凝灰岩なども見つかる。

アクセス JR函館本線札幌駅から車で約1時間。石狩湾に沿う国道231号を北上する。道の駅「石狩 あいろーど厚田」の前。

石英（白）、碧玉（赤）、緑色凝灰岩（緑）、泥岩（黒、5cm）、チャート（茶）

仏頭状構造が見られる玉髄（10cm）

光を透過する玉髄（4cm）

母岩に網目状に見られる玉髄（10cm）

母岩に線状に見られる玉髄（6cm）

青森県下北郡東通村

尻屋崎の海岸

遠くに見える白い塔が尻屋崎灯台

　灯台のすぐ下付近をつくっている岩石は閃緑岩だが、少し離れると砂岩や泥岩が広く分布し石灰岩も含まれる。石灰岩はサンゴや紡錘虫の殻などの石灰分が堆積してできたものが多いため、そのような化石が見られることがあり、ここの石灰岩にもサンゴなどの化石が含まれているといわれている。

　この海岸では、石灰岩、砂岩、泥岩、チャートや閃緑岩などのほか、鉱物としては石灰岩の中に脈状に方解石が見られる。石灰岩が海岸で見られるところは少ないので、円磨された石灰岩の表面の様子をよく観察しておこう。

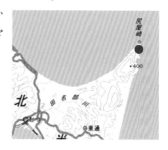

アクセス JR大湊線下北駅から車で県道6号を経由して約40分で尻屋崎灯台駐車場に到着。

石英のかたまり。くぼみに水晶が見られることがある（7cm）

石英脈。くぼみに小さな水晶が見られる（左右8cm）

石灰岩。表面の細かい白い斑点はほかの石がぶつかった跡（10cm）

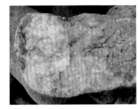

石灰岩の中の方解石脈。方解石の劈開が見られる（左右15cm）

この海岸で多く見つかる砂岩（6cm）

閃緑岩の表面に、角閃石の細長い黒い斑点が見られる（石は閃緑岩、10cm）

半透明の石英（5cm）

尻屋崎灯台の下は閃緑岩

青森県東津軽郡平内町狩場沢

藩境塚前の海岸

藩境塚の前に広がる海岸。遠くに見えるのは下北半島

　野辺地から夏泊半島に向かって少しいったところにある、陸奥湾に面した海岸。青森県の史跡に指定されている藩境塚の前に広がっており、周辺は安山岩や流紋岩の分布地域になっている。

　海岸で見つかる石には、これらの岩石のほかに、鉱物としては玉髄、石英や碧玉などがある。石英は脈状で玉髄を伴うことがあり、くぼみには小さな水晶の群集が見られる。さらに、かなり珪質でおもしろい形や模様をしている流紋岩もある。

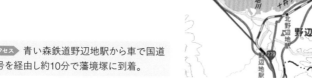

アクセス 青い森鉄道野辺地駅から車で国道
4号を経由し約10分で藩境塚に到着。

白いきれいな石英のかたまり（6cm）

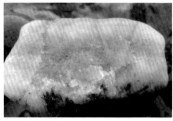
淡い褐色だが上部は淡い紫色をした石英（4cm）

真っ赤な碧玉（4cm）

玉髄の脈。くぼみには水晶が見られる（10cm）

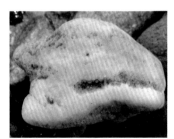
石英のくぼみの中には水晶が多く見られる
（6cm）

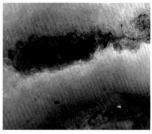
左の写真の一部を拡大すると、透明な水
晶が集まっているのがわかる

くぼみに見られる水晶（左右5cm）

藩境塚（県史跡）

111

茨城県ひたちなか市磯崎町

磯崎海岸

海岸には白亜紀の地層が見られる

　周辺の地質は中生代白亜紀の砂岩層が分布しているが、この海岸では、ここより少し北にある久慈川や、南にある那珂川の上流から運ばれてきたものと考えられるさまざまな種類の石が見られる。

　岩石としては砂岩が多く、鉱物は玉髄がちらほら見つかる。ここの玉髄は黒いものが多く、なかには縞模様が見られるため黒メノウと呼ばれるものもある。その他、砂岩の中に脈状に入った石英のくぼみに水晶が見つかることもある。

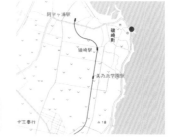

アクセス　ひたちなか海浜鉄道阿字ヶ浦駅から車で県道265号を経由して約20分。

仏頭状構造が見られる黒メノウ
（8cm）

くぼみの中に仏頭状構造が見られ
る黒メノウ（6cm）

石英脈のくぼみに見られる水晶
（左右84cm）

石英と黒玉髄の縞模様が見られる
（10cm）

半透明の玉髄（4cm）

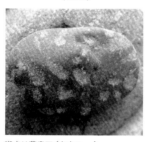

斑点は菫青石（左右5cm）

黒玉髄を割った断面の様子（4cm）

礫層から下の砂岩層に縦に掘られた巣
穴の化石

113

茨城県日立市相賀町

会瀬の海岸

右に見える岩場の向こう側が会瀬海水浴場。石探しは手前の海岸で行う

　会瀬海水浴場の北の端に津神社があり、その台座の下方の海岸には砂岩の岩場と砂浜が見られる。砂岩には高温水晶が多く含まれているため、砂浜の砂にも、透明な両錐の形をした高温水晶が見られる。

　波打ち際の砂利が集まっているところをよく探すと、真っ白な石英ややや褐色を帯びた玉髄が見つかる。また、鉱山で鉱石から資源を取り除いた後の不純物である鉱滓も転がっている。

アクセス　JR常磐線日立駅から車で5分。国道245号を経由して会瀬の海岸に向かう。手前の津神社の下がこの海岸。

白色系が石英、褐色系が玉髄（大きいもので3cm）

きれいな白色の石英（3cm）

岩場の表面に見られる高温水晶
（両錘、2〜3mm）

貝化石を含む砂岩（8cm）

鉱滓（4cm）

メノウ など

千葉県鴨川市貝渚

八岡海岸

この付近に海岸へ下る細い道がある

　上の写真の中央付近に見える雀島を囲むように弧状に広がるのが八岡海岸である。島々が点在する鴨川松島と呼ばれる景勝地で、国定公園となっている。

　周辺の地質は玄武岩や斑れい岩、流紋岩やデイサイト、凝灰岩や砂岩・泥岩など、多様な岩石が分布しているため、海岸でもいろいろな種類の石を観察することができる。鉱物も石英、玉髄、角閃石など、探すと多くの種類が見つかるだろう。

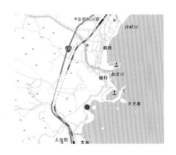

アクセス JR内房線安房鴨川駅から県道247号を経由して車で約10分で海岸の上付近に到着。

116

きれいな白色の石英（3cm）

黒い部分は角閃石の大きな結晶、白色は斜長石（5cm）

縞模様がきれいなメノウ（4cm）

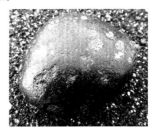

斑点の部分が菫青石（5cm）

脈状に入った玉髄（8cm）

赤い碧玉（5cm）

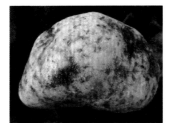

淡いピンク色をした桃簾石（3cm）

石英脈に取り込まれた母岩（左右10cm）

千葉県銚子市長崎町

長崎海岸

遠くに白い犬吠埼灯台が見える

　銚子の先端にある犬吠埼と、そこから1,800mほど南に位置する長崎鼻との間にある西明浦の海岸が、長崎海岸である。犬吠埼と長崎鼻を含め、一帯は銚子ジオパークになっている。そのため、石や砂は採集せず、観察にとどめよう。

　銚子の海岸には中生代白亜紀の砂岩層や泥岩層が出ており、これらの岩石が多く転がっている。また、こうした堆積岩の中に石英脈が走り、そこに玉髄なども含まれているようで、海岸の小石の間に玉髄が見られることがある。また嵐の後などには琥珀が打ち上げられることもあるという。

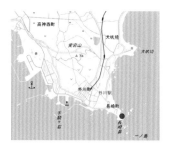

アクセス 銚子電鉄外川駅より県道254号を経由し車で約5分で、長崎鼻に着く。

118

半透明の琥珀（2cm）

淡い褐色の玉髄（3cm）

母岩がついたメノウ（2cm）

縞模様がきれいなメノウ（2cm）

いろいろな形態の玉髄
（大きいもので3cm）

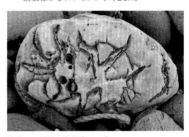
砂岩の不思議な亀裂（25cm）

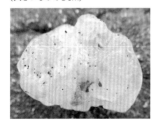
白い玉髄（2cm）

表面が風化して白くなった玉髄（3cm）

新潟県糸魚川市市振

市振海岸

海辺にはたくさんの小石が転がっている

　この海岸は新潟県の西端に当たり、その先に富山県の宮崎海岸が続いている。またこの海岸の東には、かつて通行の難所だった親不知と呼ばれる場所があり（親不知海岸）、さらに東には青海海岸、須沢海岸、さらに姫川と続く。これらの海岸はいずれの場所もヒスイが見つかっていたが、近年は採りつくされてめったに見つからない。しかし、ヒスイ以外のきれいな石もいろいろ見つけることができる。

アクセス えちごトキめき鉄道日本海ひすいライン市振駅より国道8号を経由して徒歩で約15分。

緑がきれいな蛇紋岩（4cm）

赤い点の部分はガーネット（5mm）

真っ白な石英（5cm）

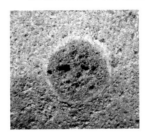

緑色凝灰岩の中の緑簾石（1cm）

緑色のヒスイ（3cm）

流紋岩の中の電気石（左右6cm）

透明感のある石英（2cm）

砂岩の中の石英脈に見られる微水晶
（左右6cm）

福井県坂井市三国町浜地

浜地海岸

広い砂浜だが、小石も散らばっている

　夏は海水浴場になる砂浜。ほとんどは砂だが部分的に小石が集まっているところでじっくり観察してみよう。この海岸では、白い石英や半透明の玉髄、きれいなオレンジ色の玉髄、いろいろな色のチャートが見つかる。さまざまな種類の鉱物や石で構成されているため、砂浜自体も色とりどりで、寝転んでルーペで砂を見るのも楽しいだろう。

　海岸の小石は、砂浜の西の端に露出している安山岩や、東の端に流れ込んでいる大聖寺川が上流のさまざまな地質の山から運んできた岩石がもととなってできている。そのため石の種類も多様である。

アクセス　JR北陸本線芦原温泉駅から県道7号経由して車で約20分。

オレンジ色がきれいな玉髄（3cm）

ほぼ球形の石英（2cm）

少し粗粒な岩片が混じる緑色凝灰岩（4cm）

水に濡らすとより赤色が際立つ碧玉（3cm）

縞模様が目立つメノウ（3cm）

半透明な玉髄（2cm）

きれいな球状の石英（2cm）

海岸の岩場に見られる安山岩

123

福井県福井市大丹生町

大丹生海岸

こぶし大より少し小さい小石が多くある小さな海岸

　越前海岸の北の方にある小さな湾にある海岸。周辺の地質は新生代の堆積岩や流紋岩、安山岩などで構成されている。

　海岸に見られる石もそれらを反映して流紋岩などの火山岩が多く、その中に玉髄などが含まれている。玉髄は半透明に白色から淡い褐色を帯びたものがあり、母岩がついたものもある。そのほか、日本海側の海岸でよく見られる緑色凝灰岩も見つけることができるだろう。

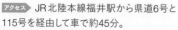

アクセス JR北陸本線福井駅から県道6号と115号を経由して車で約45分。

光が抜ける玉髄（3cm）

母岩がついた半透明の玉髄（4cm）

珪質岩の割れ目に水晶が見られる
（左右5cm）

流紋岩の中に脈状に入った玉髄
（左右8cm）

緑がきれいな緑色凝灰岩（5cm）

きれいな縞模様の流紋岩（6cm）

網目状になった石英（5cm）

縞模様が見られる玉髄（3cm）

福井県三方郡美浜町竹波

水晶浜

ほとんど石英でできた砂浜

　白い砂浜が広く広がっており、夏は海水浴場になる。砂はほとんどが石英の粒でできているため、場所によっては鳴き砂現象が起こる（25ページ参照）。周辺には新生代の花こう岩が広く分布しているため、その花こう岩が風化してできた砂粒がこの浜辺をつくっている。

　さらに、浜辺の南の端にあたる弁天崎は、この花こう岩とその南の泥岩層が接した部分で、真っ黒なホルンフェルス（堆積岩が変化した岩石）が岬をつくっている。そのため、砂浜には石英のほか、ホルンフェルスの小石も混じっている。

アクセス　JR北陸本線敦賀駅から県道33号を経由して車で約30分。

透明から半透明のものが石英、白色は長石（砂粒は2〜3mm）

石英の小石（大きいもので2cm）

白い浜辺で目立つ黒い石はホルンフェルス
（大きいもので3cm）

花こう岩。桃色の部分は長石（4cm）

くすんだ緑色をした緑色岩（3cm）

静岡県賀茂郡河津町浜

菩蒲沢の北海岸

安山岩質の溶岩でできた小石が多い海岸

　伊豆半島の東側はきれいな海岸が続いており、出てくる石はほとんど
が安山岩や玄武岩といった溶岩由来の岩石である。いわゆる「菩蒲沢海
岸」は河津桜で有名な河津駅のやや南、駐車場のあるダイビングセンタ
ーのすぐそばにある。ただしここで紹介するのは、その菩蒲沢海岸から岬
を隔てて北側の海岸で、国道沿いにある釣具店のすぐ北側の細い道から
海岸に下りることができる。ここでは石英や玉髄などの鉱物が見つかる。

アクセス 伊豆急行河津駅から国道135号を
経由して車で約5分。

石英のくぼみの中に見られる水晶
（左右5cm）

石英のかたまりには水晶が見られること
が多い（左右6cm）

赤い碧玉（3cm）

溶岩の割れ目に見られる緑色の部分はセラ
ドン石（左右8cm）

濃い緑色の部分は輝石（左右5cm）

くぼみの中の小さな板状の結晶群は魚
眼石（左右8cm）

淡い紫色が見られる石英（3cm）

碧玉と脈状をなす石英（5cm）

静岡県賀茂郡西伊豆町仁科

大浜

砂浜だが渚に小石が多い

　夏は海水浴場になるような砂の多い海岸だが、波打ち際や浜の一部には小石が集まっているところがある。また仁科川の河口にあたり、その周辺でも小石がたくさん見られる。とくに緑色をしたものがよく見られ、そのほとんどは火山性の砕屑岩（凝灰角礫岩や緑色凝灰岩など）で、緑泥石や緑簾石を含んでいる。

　伊豆半島は火山岩でできているため、海辺の石は安山岩や玄武岩だが、その中に含まれていた石英や玉髄などの鉱物も見ることができる。

アクセス　伊豆急行下田駅から県道15号を経由して車で約45分。

石英のくぼみの中に見られる水晶
（左右7cm）

光がよく抜ける石英（3cm）

半透明で仏頭状構造が見られる、母岩
を伴う玉髄（4cm）

赤がきれいな碧玉（3cm）

いろいろな形の玉髄（大きいもので2cm）

黄緑色の部分が緑簾石（左右5cm）

母岩に伴う玉髄（4cm）

光が抜けるような玉髄（2cm）

131

三重県志摩市大王町名田

名田浜

海岸の小石はほとんどが砂岩

　この海岸を取り囲む崖に見られるきれいな砂岩泥岩の互層は、中生代白亜紀の付加体堆積物である。この崖の石が海岸の小石になっていると思われる。崖にも小断層が入っているが、海の石のなかにも比較的多く、細かな断層ともいえるものが見られる。

　断層とは、地殻変動などで周囲から力が加わり、岩が割れてずれた部分のことで、そのずれ方により正断層、逆断層や横ずれ断層がある（次ページ参照）。

　多くのは砂岩だが、かなり珪質で硬くなっている。

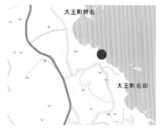

アクセス 近鉄志摩線鵜方駅から国道260号を経由して車で約15分。

132

きれいに磨かれた砂岩（7cm）

細かく断層が入っているのがわかる（左右30cm）

左端の断層がよくわかる（8cm）

断層でずれたところがある（6cm）

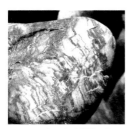

たくさんの細かな小断層が見られる（10cm）

白い珪質の石も見られる（大きいもので3cm）

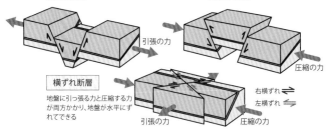

| 正断層 | 地盤の端が左右から引っ張られて、中央の地盤が下へすべり落ちることによってできる |

引張の力

| 逆断層 | 地盤の端が両側から圧縮されて、中央の地盤が上へ押し上げられることによってできる |

圧縮の力

| 横ずれ断層 | 地盤に引っ張る力と圧縮する力が両方かかり、地盤が水平にずれてできる |

引張の力　　圧縮の力

右横ずれ ⇄
左横ずれ ⇐

133

和歌山県海南市下津町丸田

戸坂の海岸

海岸の石はほとんどが平たい緑色の結晶片岩

　戸坂漁港のすぐ横にあるこの海岸は、周囲の岩石が結晶片岩でできているため、平たくなった緑色片岩で埋め尽くされている。

　また、緑色以外の結晶片岩である珪質片岩や泥質片岩も見ることができる。蛇紋岩も見られることがあり、蛇紋岩からはずれた蛇紋石の部分のみが落ちていることもある。これらの結晶片岩類は、三波川変成帯と呼ばれる、中央構造線の南側に接する広域変成岩帯に属するものである。

アクセス JR紀勢本線加茂郷駅より車で国道42号を経由して約10分で戸坂漁港に到着。そのすぐ横がこの海岸。

海岸の石はほとんどが平たい緑色片岩
（左右50cm）

珪質の結晶片岩（15cm）

石英脈の見られる石（20cm）

左の石の石英脈のくぼみに見られる水晶
（左右5cm）

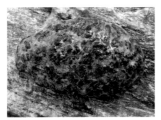

暗い緑色をした蛇紋岩（10cm）

小さな褶曲が見られる泥質片岩（10cm）

黄緑色の蛇紋石の部分が見られる（3cm）

海岸に見られる泥質片岩の露頭

兵庫県明石市大久保町八木

八木海岸

この付近はこぶし大の石がたくさん広がっている

　明石市の明石川河口付近から西へ続く海岸には浜の散歩道が整備されていて、海岸のきれいな風景を楽しみながら歩くことができる。場所によっては砂浜であったり、上の写真のような小石の浜であったりする。これらの小石は海岸浸食を防ぐために人工的にほかから運び込まれたものと思われる。砂岩やチャート、流紋岩や花こう岩などが多くを占めており、種類からして丹波帯を流れていた河川の川原の石でないかと推測される。

アクセス　山陽電鉄本線中八木駅から徒歩で浜の散歩道を経由し、約15分で明石原人発掘地に到着。その前がこの海岸。

部分的に鮮やかなグリーンチャート
（左右 10cm）

半透明の石英（3cm）

砂岩の中の石英脈に見られる水晶
（左右 20cm）

玉髄質のチャート（2cm）

淡いピンク色の菱マンガン鉱
（左右6cm）

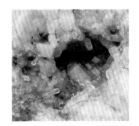

石英のくぼみに見られる透明な
水晶（左右2cm）

砂岩の中の石英脈に見られる水晶
（左右5mm）

暗緑色の蛇紋岩（8cm）

137

兵庫県南あわじ市沼島

沼島南部の海岸

見事な上立神岩を望む岩場の海岸

　沼島は淡路島の南の海岸から南へ船で約30分のところにある小さな島である。この島では、同心円状の「さや状褶曲」という特異な構造の結晶片岩が見られる。これは世界でも沼島とフランスの1か所でしか見つかっておらず、世界的にも珍しいスポットである。また、淡路島とこの島の間を中央構造線が通っていることもよく知られている。

　海岸には大きな岩石がたくさん見られ、その間に小石が挟まっている。岩はほとんどが結晶片岩系の石である。上立神岩を望む展望台から海岸へ下りることができる。

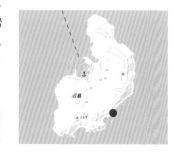

アクセス 沼島汽船の船着場から徒歩で約20分で展望台に到着。

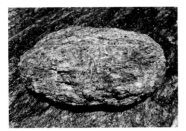

緑色の細長い透緑閃石の結晶が集まっている（15cm）

割れた石にも透緑閃石が入っているのがわかる（20cm）

緑泥石片岩を切る石英脈（左右30cm）

船の待合所に飾られている"さや状褶曲"の見られる結晶片岩（左右50cm）

赤いところは紅簾石の集まり。白色は石英（3cm）

黄緑色の緑簾石（6cm）

絹状光沢が顕著な結晶片岩（20cm）

この船で沼島に渡る

愛媛県四国中央市土居町藤原

土居町藤原の海岸

この海岸付近には関川の河口からの石が見られる

　平坦で波静かな海岸線に、細かい砂や小石が広がっている。上の写真の右手側に関川の河口があり、さまざまな鉱物が含まれる関川の石がこの海岸にも運ばれてきている。

　結晶片岩を中心とした三波川帯の石が主で、緑泥石片岩や紅簾石片岩が見られる。緑泥石片岩の中には大粒のガーネットが含まれていることが多い。

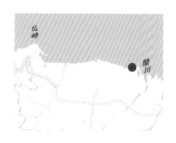

アクセス JR予讃線伊予土居駅より県道128号を経由して車で約10分で蕪崎海水浴場に到着。その東側がこの海岸。

緑泥石が含まれる緑泥石片岩（20cm）

結晶片岩中のガーネット
（赤い斑点の部分、石の大きさ8cm）

赤い斑点がガーネット（石の大きさ25cm）

赤色の紅簾石を含む紅簾石片岩
（左右20cm）

石英のかたまり（10cm）

高知県高知市長浜

長浜

名前のとおり長い海岸

　高知市の南にある太平洋に面した広々とした海岸。この海岸の東の端
は、岬を隔てて有名な桂浜に続いている。

　浜辺の石はきれいに丸く摩耗し、いろいろな色がある。石はほとんど
がチャートだが、赤色、緑色、黄土色、白色、茶色や黒色など、色のバ
リエーションが豊富なのが特徴である。

　周辺で見つかるチャートは、特に桂浜のものはかつて「五色石」と呼
ばれ、有名だった。また、高知城の石
垣にもチャートが多く使われている。

　ただし白色の石は石英の場合もある。

　アクセス　JR土讃線高知駅より県道34号を
経由して車で約30分で長浜2号突堤付近に
到着。

緑が鮮やかなグリーンチャート（4cm）

ブラックチャート
（白色は石英脈、5cm）

真っ赤なレッドチャート（5cm）

半透明の石英（3cm）

黄土色のチャート（白色は石英脈、5cm）

茶色の縞模様のチャート（5cm）

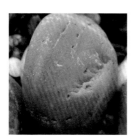

褐色のチャート（3cm）

白黒茶のまだら色のチャート（4cm）

広島県江田島市大柿町大原

江田島南部の海岸

花こう岩の風化した砂でおおわれている

　江田島は花こう岩でできた島である。島の南側にあるこの海岸付近は特に花こう岩の風化が進み、真砂土化している。構成鉱物のサイズが比較的大きく、ペグマタイト状の部分もあるため、海岸では石英や長石、黒雲母が単体で転がっていることがある。海岸には花こう岩の岩場があり、節理の様子がよくわかる。

　ここの花こう岩は広島花こう岩と呼ばれ、8600万年前にできた深成岩で長石が淡いピンク色をしているのが特徴である。

アクセス JR呉線呉駅より県道35号と国道487号を経由して車で約30分。

真っ白な石英（3cm）

劈開面が見られる長石（3cm）

節理の見られる海岸の花こう岩

風化が進んだ花こう岩。この中の石英や長石が砂浜の砂となる（8cm）

ペグマタイトの部分。灰色が石英、白色が長石、黒色が黒雲母（3cm）

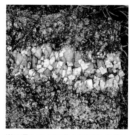

崖に見られる石英と長石のペグマタイト脈（左右6cm）

海岸横の崖下に落ちていた大きな黒雲母片（3cm）

白雲母片（3cm）

山口県山陽小野田市本山町

本山岬の海岸

奥の岩場は礫岩、砂岩と泥岩でできた地層で海食洞も見られる

　小野田市の岬の先端に本山崎公園があり、この公園の駐車場から海岸に出る小道を行くと、写真のような海岸に出る。

　海岸には礫岩、砂岩や泥岩の地層が崖をつくっていて、そこから出てきた砂岩や泥岩の小石が見られる。また、そのほか岩場には蛇紋岩や、少し北には結晶片岩も分布している。海岸の砂利はこれらの石があるほか、嵐のときには石炭も打ち上げられている。付近はかつて宇部炭田があったところである。

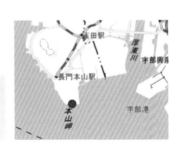

アクセス　JR小野田線長門本山駅より県道354号を経由して徒歩約20分で本山崎公園駐車場に到着。そこから海岸への小道を下ることができる。

石炭の中には琥珀が見られることがある（5mm）

飴色の玉髄（3cm）

石炭も見られることがある
（大きいもので4cm）

ツルっとした質感の蛇紋石（5cm）

白い石英（大きいもので5cm）

島根県出雲市多伎町小田

小田海岸

階段があり海岸へは下りやすい

　駅から徒歩10分ほどで浜に出ることができる。浜はこぶし大よりやや大きいくらいの石で敷きつめられており、すぐ横には安山岩や流紋岩地帯を流域にもつ小田川が流れ込んでいる。そのため浜辺には、これらの岩石のほか、海岸の崖をつくっている新第三紀の砂岩、泥岩が見られる。

　海岸では石英、玉髄などの珪質岩のほか、砂岩の中には二枚貝などの化石を含むものもある。

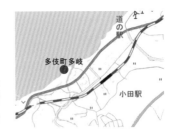

アクセス JR山陰本線小田駅より国道9号を経由して徒歩で約10分でシーサイド運動公園に到着。その前がこの海岸。

148

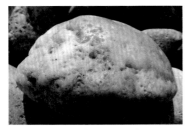

石英のかたまり。くぼみには小さな水晶がある
（8cm）

岩の表面に薄く玉髄の層ができている
（左右10cm）

石英の中に銀黒のような縞が入っている
（5cm）

くぼみのところに玉髄の仏頭状の構造が見られる（6cm）

中に二枚貝の化石を含む砂岩（8cm）

ハート形をした石英と玉髄の縞模様の石（7cm）

表面が黒光りした泥岩（5cm）

色がきれいな緑色凝灰岩（15cm）

長崎県東彼杵郡川棚町小串郷

大崎半島の海岸

キャンプ場のすぐ前がこの海岸

　大崎半島の東側の大村湾に面し、海面は穏やかで引き潮になると小石の多い浜辺が広がる。

　大崎半島は大村湾に突き出した小さな半島で、ほぼ全体が流紋岩、デイサイトや凝灰質角礫岩などで構成されている。海岸の小石はほとんどがこれらの石だが、そのなかに黒曜石、松脂岩や真珠岩などのガラス質の石が見られる。また球状のクリストバル石が多く散らばっている。

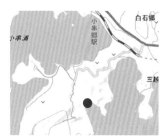

アクセス JR大村線小串郷駅より海沿いの道を車で約5分、大崎オートキャンプ場駐車場に到着。駐車場から遊歩道で海岸に出られる。

海岸に小石が散らばる様子。黒く見えるのが黒曜石（左右20cm）

灰色の表面で少し角が取れた黒曜石（4cm）

割ると中は真っ黒のガラス質であることがわかる（4cm）

松脂岩のくぼみにできた球状のクリストバル石（左右5cm）

凝灰質角礫岩の中にも黒曜石片が見られる（6cm）

**メノウ
など**

長崎県平戸市春日町

春日の海岸

山際には棚田が広がり、その前にある海岸

　平戸島の中にある海岸で、海岸の対岸には生月島がある。春日の海岸に面して広がる棚田は「春日の棚田」と呼ばれ、2012年に「平戸島の文化的景観」の一つとして国の重要文化的景観に選定されている。

　海岸は安山岩や玄武岩質安山岩などの小石で占められており、それらの小石の間に玉髄やメノウが見つかることがある。玉髄は半透明で白色から橙色まであり、赤色や緑色の碧玉になっている石も見つかる。

　平戸島は1977年に平戸大橋が開通して九州本土とつながり、車でも行けるようになった。

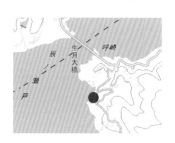

　アクセス 平戸市観光交通ターミナルより県道19号を経由して車で約30分で春日の棚田に到着。この棚田の下に海岸がある。

縞模様がきれいなメノウ（3cm）

半透明で淡い褐色の玉髄（3cm）

白い玉髄（3cm）

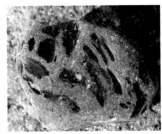

黒曜石もたまに見つかる（3cm）

半透明で赤色の玉髄（5cm）

赤色と白色の縞模様になったメノウ
（5cm）

濃い緑の緑色凝灰岩（6cm）

全長665mの平戸大橋（右側が平戸島）

沖縄県糸満市喜屋武

喜屋武の浜

琉球石灰岩の岩場とサンゴ礁の破片でできた砂浜

　沖縄の海岸の砂はサンゴの破片や貝殻片でできているところが多くある。この海岸も海食崖は琉球石灰岩でできているが、浜の砂はサンゴや貝殻片で、有孔虫も混じっているのがわかる。有孔虫のなかには「星砂」と呼ばれる金平糖のような形のものも見つかる。

　そのほか、2021年に噴火した小笠原諸島の福徳岡ノ場から打ち寄せられた軽石がまだ残っている（2023年1月現在）。軽石は灰色をしたものがほとんどで、その中に黒い斑点状の部分を含む。この黒色部分は斜長石、輝石や黒曜石片といわれている。その中には暗緑色のかんらん石も見られる。

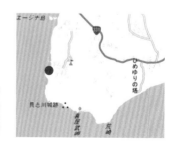

アクセス　那覇空港から国道331号を経由し、車で約40分で喜びの泉に到着。その前がこの海岸。

海食崖はこのような琉球石灰岩でできている
（左右50cm）

サンゴや貝殻片でできている部分も多い
（左右30cm）

丸い形のものが有孔虫（大きいもので2mm）

現生サンゴも打ち上げられている（30cm）

打ち寄せられた軽石群、福徳岡ノ場からの軽石と思われる（大きいもので5cm）

沖縄県中頭郡読谷村宇座

宇座海岸

かつては海岸の琉球石灰岩を石材として切り出していた

　宇座海岸の海食台は、以前は琉球石灰岩の石切り場だった。干潮のときに石を切り出し、満潮になったときに船で運び出すことができる便利な場所で、ここの石材は琉球時代の城の石垣など、さまざまなところで利用されてきた。現在でも海食台の石灰岩には直線状の切り口が見られ、かつての石切り風景をしのぶことができる。

　海岸では、2021年に噴火した福徳岡ノ場から流れてきた軽石や、砂のなかにサンゴや貝殻片、有孔虫の殻も見られる。

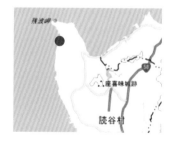

アクセス 那覇空港から国道58号を経由して車で約1時間で宇座海岸（石切り場跡）に到着。

直線状の切り口が見られ、石材を切り出した跡がよくわかる部分

琉球石灰岩（大きいもので10cm）

場所によっては現生サンゴ片などが集まっている
（大きいもので5cm）

福徳岡ノ場から流れてきた軽石
（大きいもので5cm）

軽石の中に黒く見える部分は輝石やガラス片
（石の大きさ30cm）

『ひとりで探せる川原や海辺のきれいな石の図鑑』第1巻を出版して以来約8年経過しました。その間に第2巻も刊行し、多くの方にこのシリーズ本を手に取っていただきました。また、コロナ禍があり、人が密集するようなところは避けるなどの対策が行われたこともあってか、密にならない広々とした川原や海辺に出かけて、きれいな石探しを楽しまれる方が増えたように思います。私たちも新型コロナ感染者数の増減をにらみつつ、その数が下がったときを狙って海辺に向かいました。そのような取材のなかで、川原よりも海辺の方がアクセスしやすいことがわかりました。川の場合は、長い河川流域のどこに行けば石探しに適当な川原に出ることができるかがわかりにくいのですが、海辺は比較的、地図などで特定しやすい場所なのです。

そのため、本書では海辺に特化してきれいな石探しができるようにしました。川原でもいろいろな色が見られてきれいなチャートも、海辺ではさらに磨きがかかって本当に美しい石になっています。他の石も同様です。その美しさに惹かれて、私たちも自然と海辺に行くことが多くなりました。

本書を作成するにあたっては、石探しと写真撮影のための現地取材には井上博司さん、白石由里さん、藤原真理さんが同行してくれました。本をきれいにデザインしてくださったのはundersonの堀口努さん、また本書を編集していただいた創元社の小野紗也香さん、山下萌さんには大変お世話になりました。これらの方々に改めてお礼申し上げます。

柴山元彦

参考図書

「ポケット図鑑日本の鉱物」益富地学会館（監修）　成美堂出版　1994年

「北海道の石」戸苅賢二・土屋篁（著）　北海道大学図書刊行会　2000年

「川原の石ころ図鑑」渡辺一夫（著）　ポプラ社　2002年

「日本の鉱物」松原聰（著）　Gakken　2003年

「鉱物ウォーキングガイド」松原聰（著）　丸善出版　2005年

「海辺の石ころ図鑑」渡辺一夫（著）　ポプラ社　2005年

「週末は『婦唱夫随』の宝探し」辰夫良二・くみ子（著）　築地書館　2006年

「鉱物ウォーキングガイド全国版」松原聰（著）　丸善出版　2010年

「鉱物分類図鑑」青木正博（著）　誠文堂新光社　2011年

「天然石探し」自然環境研究オフィス（著）　東方出版　2012年

「石ころ採集ウォーキングガイド」渡辺一夫（著）　誠文堂新光社　2012年

「日本の石ころ標本箱」渡辺一夫（著）　誠文堂新光社　2013年

「鉱物ハンティングガイド」松原聰（著）　丸善出版　2014年

「必携鉱物鑑定図鑑」益富地学会館（監修）　白川書院　2014年

「世界の砂図鑑」須藤定久（著）　誠文堂新光社　2014年

「プロが教える鉱物・宝石のすべてがわかる本」下林典正・石橋隆（監修）　ナツメ社　2014年

「ひとりで探せる川原や海辺のきれいな石の図鑑」柴山元彦（著）　創元社　2015年

「佐渡の赤玉」島津光夫（著）　佐渡名石協会　2016年

「ひとりで探せる川原や海辺のきれいな石の図鑑2」柴山元彦（著）　創元社　2017年

「こどもが探せる川原や海辺のきれいな石の図鑑」柴山元彦・井上ミノル（著）　創元社　2018年

「沖縄の石が語るためになるお話」おきなわ石の会（編著、発行）　2018年

「関西地学の旅⑫　川原の石の図鑑」柴山元彦（編著）　東方出版　2018年

「身近な美鉱物のふしぎ」柴山元彦（著）ソフトバンククリエイティブ　2019年

「砂浜の砂をのぞいてみたら」別所孝範・中条武司（著）　大阪市立自然史博物館　2021年

「海辺で写す天然石」柴山元彦（編著）　東方出版　2022年

「きれいなだけじゃない石図鑑」柴山元彦（著）　大和書房　2022年

柴山 元彦　Motohiko Shibayama

自然環境研究オフィス代表、理学博士。NPO法人「地盤・地下水環境NET」理事。
1945年大阪市生まれ。大阪市立大学大学院博士課程修了。38年間高校で地学を教え、大阪教育大学附属高等学校副校長も務める。定年後、地学の普及のため「自然環境研究オフィス」を開設。近年は、NHK文化センター、毎日文化センター、朝日カルチャーセンターなどで地学講座を開講。
著書に『ひとりで探せる川原や海辺のきれいな石の図鑑』1・2、『宮沢賢治の地学教室』『宮沢賢治の地学実習』『宮沢賢治の地学読本』、共著に『こどもが探せる川原や海辺のきれいな石の図鑑』『宮沢賢治と学ぶ宇宙と地球の科学』（いずれも創元社）などがある。

ひとりで探せる川原や海辺の
きれいな石の図鑑3 海辺篇

2023年7月20日　第1版第1刷　発行

著　者　　柴山元彦

発行者　　矢部敬一

発行所　　株式会社　創元社
　　　　　https://www.sogensha.co.jp/
　　　　　本　社　〒541-0047　大阪市中央区淡路町4-3-6
　　　　　　　　　Tel.06-6231-9010　Fax.06-6233-3111
　　　　　東京支店　〒101-0051　東京都千代田区神田神保町1-2 田辺ビル
　　　　　　　　　Tel. 03-6811-0662

装丁組版　　堀口努（underson）

印刷所　　図書印刷株式会社

©2023 SHIBAYAMA Motohiko, Printed in Japan
ISBN978-4-422-44039-2 C0076

〈検印廃止〉落丁・乱丁のときはお取り替えいたします。

JCOPY 〈出版者著作権管理機構 委託出版物〉

本書の無断複製は著作権法上での例外を除き禁じられています。
複製される場合は、そのつど事前に、出版者著作権管理機構
（電話 03-5244-5088、FAX 03-5244-5089、e-mail: info@jcopy.or.jp）
の許諾を得てください。